河南飞播造林四十年

周三强　霍宝民　主编

黄河水利出版社
·郑州·

内容提要

本书主要以文字、图片的形式，全面展示40年来河南飞播造林取得的主要成就，倡导崇尚自然、呵护绿色的发展理念。本书共分三部分：第一部分系统展示河南飞播造林40年的发展历程、实施全过程及飞播造林取得的成效等；第二部分介绍全省各地飞播造林发展历程、主要成就、经验与对策等；第三部分着重介绍飞播林地建设概况，展示飞播林基地取得的建设成果。

本书可供广大林业工作者阅读参考。希望本书能进一步激发全省林业工作者关注飞播造林事业的热情，激励社会各界参与森林河南生态建设。

图书在版编目(CIP)数据

河南飞播造林四十年/周三强，霍宝民主编.—郑州：黄河水利出版社，2023.4

ISBN 978-7-5509-3550-1

Ⅰ.①河… Ⅱ.①周…②霍… Ⅲ.①飞机播种造林-概况-河南 Ⅳ.①S725.72

中国国家版本馆CIP数据核字(2023)第063827号

组稿编辑 王路平 电话：0371-66022212 E-mail：hhslwlp@126.com
田丽萍 66025553 912810592@qq.com

责任编辑 景泽龙 责任校对 韩莹莹
封面设计 李思璇 责任监制 常红昕
出版发行 黄河水利出版社
地址：河南省郑州市顺河路49号 邮政编码：450003
网址：www.yrcp.com E-mail：hhslcbs@126.com
发行部电话：0371-66020550
承印单位 郑州市今日文教印制有限公司
开 本 787 mm × 1092 mm 1/16
印 张 13.25
字 数 310千字
版次印次 2023年4月第1版 2023年4月第1次印刷

定 价 85.00元

《河南飞播造林四十年》

编委会

一、视察调研

1989 年 9 月 21 日，河南省副省长宋照肃视察栾川飞播林

2015 年 6 月，河南省林业局副局长师永全查看淅川飞播种子质量

省领导视察

2019 年 11 月，河南省林业局副局长师永全视察飞播林基地

2021 年 5 月，河南省林业调查规划院院长周三强、书记赵义民调研石漠化区飞播造林

2021 年 10 月，河南省林业调查规划院副院长江帆参加中国·安阳通用航空高质量发展论坛

2023 年 6 月，河南省林业资源监测院院长周三强深入飞播一线调研指导飞播造林工作

二、银鹰展翅

1.“运五型”飞机飞播造林

飞向蓝天

播撒种子

“运五型”飞机装种

2. 直升机飞播造林

2015 年我省首次采用美国贝尔 206 型直升机飞播造林

2017 年直升机（舱内播撒器）返回临时机场

2018 年直升机（舱内播撒器）飞播作业

2019 年直升机（吊挂式播撒器）飞播作业

空客 H125 型直升机装种

3. 无人机精准飞播造林

2019 年 6 月我省首次开展无人机精准飞播造林作业

小型无人机载种量 25~50 kg 飞播作业

无人机临时起降点装种

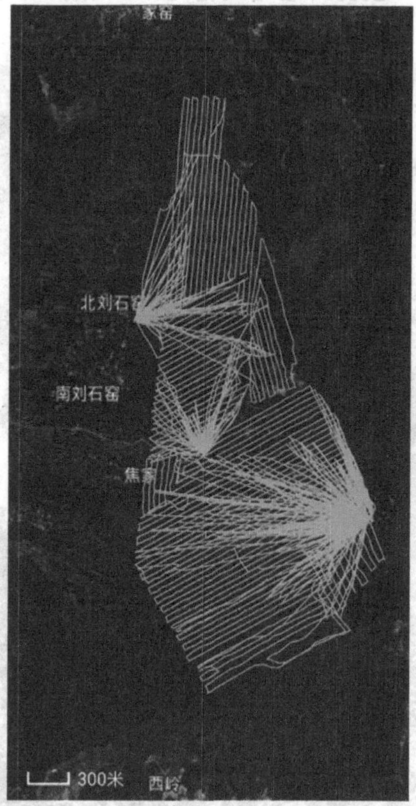

无人机飞播作业航线图

载种量 200 kg 大载荷无人机
飞播造林作业试验

三、工作会议

2018 年全省飞播造林工作会议

2019 年纪念飞播造林 40 周年会议

经验交流发言

经验交流发言

总结经验再上台阶

四、媒体宣传

中国绿色时报

中国绿色时报社2019年度宣传发行工作会在海南召开

从一棵树到一片"海"

山西启动造林赋汇开发试点

2019鄱阳湖国际观鸟赛收官

河南：40年飞播成林近400万亩

《中国绿色时报》宣传飞播造林40年

河南日报

40年飞播造林：看青山迎飞鸟

习近平分别会见韩日领导人

认真做好主题教育总结工作

宜居乡村铺就美丽底色

在希望的田野上担当作为

《河南日报》宣传飞播造林40年

河南日报

习近平同德国总统会谈

河南省工会第十五次代表大会开幕

讨论研究当前经济形势和明年重点经济工作

健康扶贫走在前 脱贫摘帽就不难

飞播造林谱写美丽河南更加出彩新篇章

《河南日报》宣传飞播造林40年

从秃岭荒山到绿水青山 我省飞播造林走过40个春秋

信阳集中供热或将无期 热力公司将从首批供热小区撤场

《大河报》宣传飞播造林40年

五、播区接种

播种质量检查

六、播区导航

①②
③④
⑤⑥
⑦

①协调航管部门
②塔台指挥
③气象员在播区观测气象
④播区导航
⑤指挥航路
⑥播区导航
⑦航线测量

七、成苗调查

①	②	
③	④	⑤
⑥		

①臭椿
②油松
③三年生黄连木
④盐肤木
⑤紫穗槐
⑥苦楝

八、播区管护

飞播区管理制度宣传

护林巡逻

沁阳市在飞播区设置宣传标志

栾川县人民政府护林防火宣传

栾川县飞播林区护林防火瞭望塔

九、飞播成效

①	②
③	④
⑤	⑥

①栾川飞播林基地
②卢氏飞播林基地
③灵宝飞播林基地
④辉县飞播林基地
⑤修武飞播林基地
⑥内乡飞播林基地

伏牛山北坡油松飞播区

伏牛山南坡马尾松飞播成效

太行山飞播成效

2008 年安阳县飞播阔叶林

辉县市臭椿飞播幼林

今日绿树成荫

嵩县林海

绿染崤山(卢氏)

南召石坡沟飞播区

淅川荆关飞播区

十、抚育间伐

2015年11月油松飞播抚育间伐外业培训

抚育间伐调研

油松飞播林抚育间伐

油松间伐材

间伐材

十一、书画展

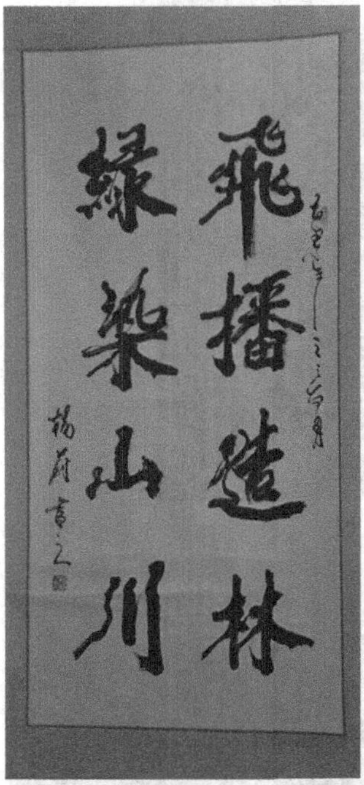

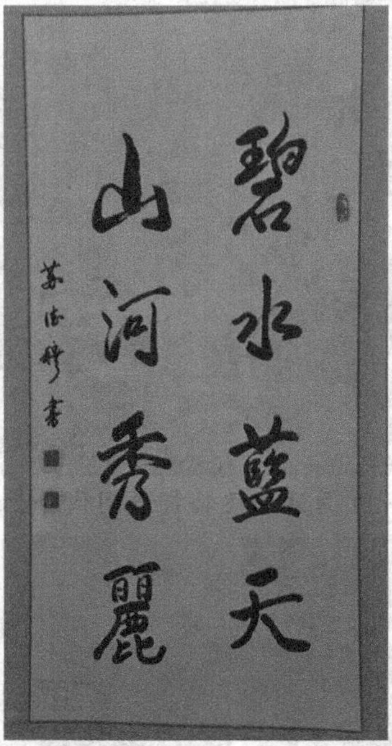

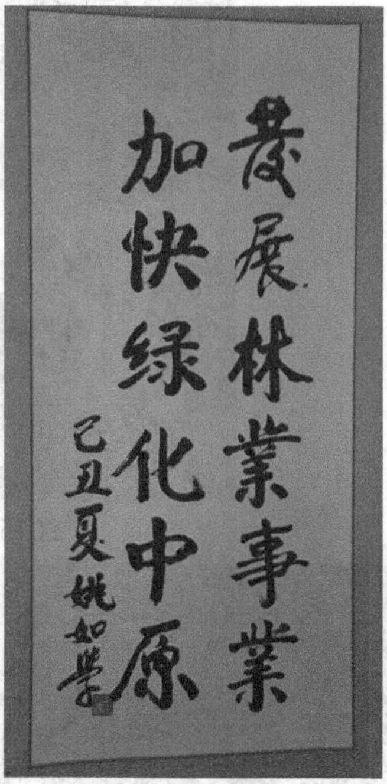

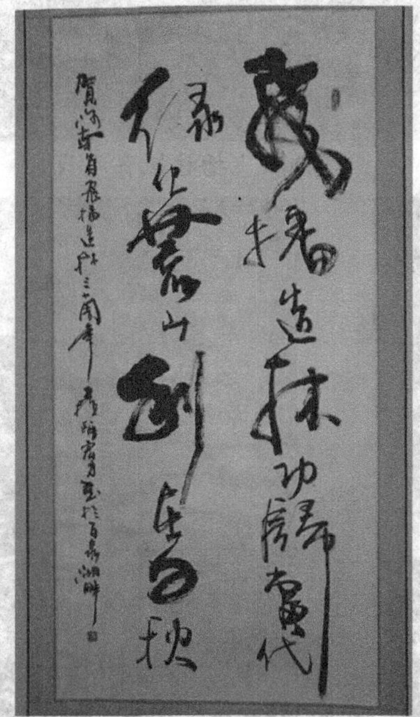

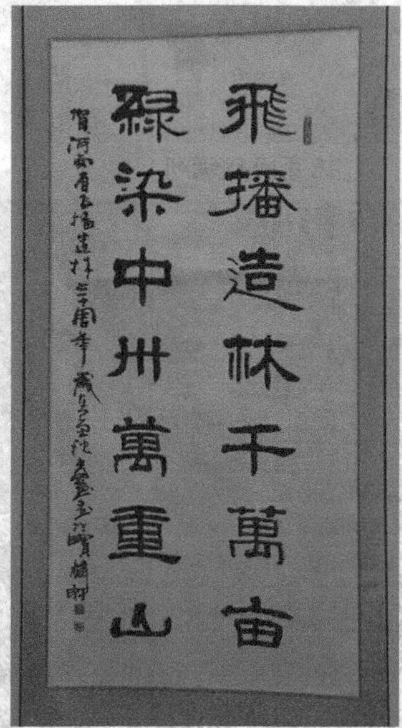

前 言

党的十八大以来,党中央、国务院提出了生态文明建设和绿色发展理念、“绿水青山就是金山银山”等一系列重要思想。习近平总书记多次发表重要讲话,做出重要指示批示,深刻诠释了“发展林业是全面建成小康社会的重要内容,是生态文明建设的重要举措”,为做好林业工作提供了根本遵循和行动指南。林业是生态文明建设的关键领域,是生态产品生产的主要阵地,在推进生态文明建设的历史进程中,肩负着更加光荣的使命,承担着更加重大的任务。

习近平总书记深刻指出,森林是陆地生态系统的主体和重要资源,是人类生存发展的重要生态保障。在改善生态环境、维护生态安全、应对气候变化、构建和谐社会中起着不可替代的作用,是人与自然和谐共处的主要载体。历史上,我们一些地方乱砍滥伐、乱垦滥占、乱采滥挖,森林生态系统遭到严重破坏,导致水土流失、湿地减少、灾害频发、生态功能退化,教训十分深刻。近 10 年来,河南湿地面积减少 3.73 万 hm^2,还有 2 万多 km^2 水土流失土地亟待治理,全省荒漠化土地面积 1 万 hm^2,石漠化土地面积 7.47 万 hm^2,部分区域环境承载能力已达到或接近上限,环境容不下、资源撑不住、发展保不了的局面日益严峻。山水林田湖草是生命共同体,森林是空气的净化器、水源的涵养体、土壤的守护神,是维持生态系统平衡的主要载体。有关资料表明,5 万亩(0.33 万 hm^2)森林的储水量,就相当于一个 100 万 m^3 的小型水库。全省森林每年可涵养水源 120 亿 t 左右,约相当于小浪底水库的库容,同时每年可固土 2 亿多 t,减少土壤肥力损失 1 000 多万 t,增加土壤氮磷钾营养物质 40 万 t。我们只有大力推进林业生态建设,持续拓展生态空间,才能拓展发展空间,提高生态承载能力,构筑绿色生态屏障,为经济社会可持续发展提供良好生态支撑,也是促进碳达峰、碳中和目标实现的重要举措。

为展示 40 年来河南飞播造林事业的巨大成就,倡导崇尚自然、呵护绿色的现代理念,激励社会各界进一步支持飞播造林事业,我们出版了这本《河南飞播造林四十年》,希望把这些历史的文字和美丽的图片永久地保存下来,使其成为宣传河南飞播造林的重要窗口和平台。该书翔实记录了河南 40 年飞播造林发展的风雨历程,反映了广大飞播造林工作者的责任、担当和务实精神,希望本书能够进一步激发社会各界关注飞播造林事业、参与河南林业生态工程建设和生态文明建设的热情。我们要以建党百年为契机,推动河南省飞播造林事业高质量发展,大力弘扬和践行“焦裕禄精神”,埋头苦干、奋力拼搏,一代接着一代干,一张蓝图绘到底,谱写生态文明建设的壮丽华章,实现“五年增绿山川平原、十年建成森林河南”的宏伟目标,让绿满中原、四季常青成为出彩河南最靓丽的底色。

愿以此书,向始终关注、支持河南飞播造林事业发展的各级领导、基层林业工作者和社会各界人士表示诚挚的敬意和感谢!

编 者

2022 年 10 月

目 录

第一篇 总 论

第一章　中国飞播造林的发展历程

第一节　中国飞机播种造林初试

我国飞机播种造林(简称飞播造林)始于20世纪50年代,当时的广东省委书记陶铸同志提出了飞播造林的设想。在他的倡导下,1956年广东省林业厅与广州军区部队协作,开始了我国第一次飞播造林试验。

1956年3月4日是我国造林史上重要的一天。

1956年3月10日《南方日报》头版以《飞机播种造林》为题刊出简讯:广东省有史以来第一次用飞机播种造林。本月4日,中国人民解放军空军的飞机在吴川县覃巴乡和对面坡乡的上空出现,几个小时内,在1万亩(666.67 hm^2)荒山、荒地上撒下了1 600多kg树种。同日,该报第2版还刊登了记者任仁的800字的报道:《飞机撒种记》,内容是:飞机播树种的喜讯迅速传播开了。信宜、阳春、廉江、化县的农民在短短的几天里收集了1 500多kg松树和相思树种子,交给林业部门供飞机播种。播种所在地区的吴川县覃巴乡和对面坡乡的农民,在当地1万亩(666.67 hm^2)荒山坡的周围,插上了大旗,摆上了白布,准备了烧烟用的火堆,作为飞机播种范围的标志。

接受了播种任务的中国人民解放军空军某部军官和战士们,满怀着兴奋和激动的心情,投入了紧张的准备工作。他们在3月1日提前完成了播种的准备工作,设计了撒种用的漏斗,并且经过试飞、试播,改进了漏斗装置,研究了播种的方法。

3月4日上午10时,飞机开始在吴川县覃巴乡和对面坡乡的上空出现,飞机开始撒种了,一股股浓雾似的种子群,随风飘落在荒山坡上。飞机上的工作人员进行着紧张的工作。驾驶员驾驶着飞机沿着荒山坡转了一圈又一圈,5个负责撒种的人员一秒都不停地通过漏斗把种子往下倒。在地面上工作的人员,也忙着打信号枪、移动旗子,指示飞机撒种。一直到下午4点多,飞机播种才结束。

播后当年下半年,广东省林业厅厅长带领有关技术人员亲自到现场检查飞播效果。总的评价是:地角、田边、低洼地马尾松飞播幼苗很多,有的密如苗圃,但播区大片平台光板地基本无苗,总体来看,播种效果不理想。究其原因主要是播区选择失当,种子落地后无法附着地面。群众当时反映说:"你们当时应当叫我们用锄头松土开带就好了。"

1956年4月4日《人民日报》刊出记者江清的千字通讯:《用飞机播种造林》,详细报道了这次飞播过程,并附上张洛拍摄的"把树种装上飞机,准备在空中播种"的现场作业照片。

第二节　中国飞机播种造林的启示

飞机播种造林在我国产生是历史发展的必然。我国种松历史悠久,积累了丰富的经验。《汉书》载,秦始皇二十七年(公元前220年)"秦为驰道于天下……道广五十步,三丈而树,厚筑其外,隐以金椎,树以青松"。至唐代,种松已相当普遍,具有一定的水平,杜甫、元稹都写过松树诗。至宋时(公元11世纪),著名文学家苏东坡也是种松专家,他说:"我昔少年日,种松满东冈。初移一寸根,琐细如插秧。"说的是松树栽苗造林。在《东坡杂记》中也谈及松树直播造林:"至春初,敲取其实,以大铁槌入荒茅地中数寸,置数粒其中,得春雨自生。……松性至坚悍,然始生至脆弱,多畏日与牛羊,故须荒茅地,以茅阴障日……三五年乃成。"对松习性、造林季节、造林方法都有较科学的记载,可见当时我国劳动人民种松已具有相当高的水平。人工直播、植苗种松是我国人民创造的重要造林方法。

然而,由于受到封建社会制度的制约,我国的社会生产力长期没有得到很大的发展。我国大规模造林是在中国共产党领导下中国人民取得翻身解放以后才发展起来的。这是摧毁中国半封建半殖民主义旧生产关系后,社会生产力大发展的必然结果。广东省大规模种植马尾松开始于1951—1953年,以广州白云山为中心直播马尾松10万亩(6 667 hm^2),以"三个一"的作业方式(一袋松种点播,一把锄头开小穴,一袋干粮上山),成功创造了今日闻名中外的"白云松涛",这便是一个取得大面积种松成功的范例。

在总结新中国成立前后马尾松造林经验的基础上,一方面,从20世纪50年代开始各地开展大面积马尾松人工点播、百日苗造林,并观察马尾松天然下种更新规律,提出要大面积推广马尾松人工促进天然更新;另一方面,我们党和政府有见识的领导人如陶铸同志提出"可不可以用飞机播种",当得到肯定的答复后,则要求林业厅"立即做试验"。这是共产党人辩证唯物主义和革命浪漫主义思维的创造性结合,也是基于他对松树的热爱和熟悉以及对造林绿化事业的一贯重视。因此,我们完全可以说,我国飞机播种造林是中国共产党人在总结我国丰富种松经验的基础上发展起来的,是松树造林从人力手工操作到大规模现代机械化操作的新发展,是造林技术、林业科研发展的一项重要成果,这既是历史的必然和进步,又是历史的创造和发展。

1956 年全国首次飞播造林试验虽然未能成功,但它是一次伟大的试验。"自古成功在尝试",这次飞播试验为广东也为全国其他省(区、市)进行飞播提供了有益的借鉴;这次试验首次提出了"飞机播种造林"的新概念,拉开了我国飞机播种造林的序幕,标志着我国造林事业开拓了新的篇章,也留给我们不少启示:

(1)飞机播种造林从试验开始就体现了具有中国特色的造林事业和飞播造林道路的基本特征,这就是中国共产党的正确领导是发展林业的重要保证。党和政府重视造林,林业部门抓住时机大胆付诸试验,并充分发挥职能部门的作用;发扬社会主义大协作精神,坚持自力更生,靠科学技术发展生产。

(2)飞机播种造林从试验开始,在技术方向和技术路线上就已为后来完善飞播造林技术打下初步基础。首先,确定以松树(马尾松)等天然更新能力强的树种为主要飞播树种,保证飞播成苗和成林。其次,确定以运五型飞机撒播这种现代化作业手段,突破了人工操作小面积造林的局限,使大规模、高速度、低成本绿化偏远荒山成为现实可能。再次,在飞播技术上提出了诸多相关因素的合理配置雏形,例如,选择雨季初期为适宜的播种季节是种子萌发成苗的关键;穿梭式沿播带作业以保证均匀撒播落种;选择合理航高,改装装种撒播装置,确定地空通信联络方法及地面信号引航播种等。

(3)对首次试播基本失败的总结,为后来飞播成功提供了有益的借鉴,这就是:在播区的选择上既不能地表植被过多过密使种子无法着地,也不能地表全光而使种子着地后毫无附着条件而被风吹或水冲。这就为后来飞播播区的选择提供了依据。

第三节 中国飞播造林的试验与发展

1958 年飞播造林在四川省试验取得成功后,各省(区、市)相继试验成功并逐步转入生产,但其后 20 多年飞播造林一直未列入国家计划,完全由各省(区、市)自行安排。领导重视、有钱有种就多播,领导不重视或资金短缺就少播,没钱或试验失败、成效不高就停播。20 世纪 80 年代初,全国有 13 个左右的省(区、市)开展了飞播造林,年完成面积仅 40 万 hm^2。1982 年 7 月 14 日,邓小平同志在日理万机中看到林业部《关于飞播造林情况和设想的报告》后,做出了重要批示,把飞播造林纳入国家计划,地方做好规划和地面工作,保证质量,并说:"这个方针,坚持二十年。"从此以后,我国飞播造林走上了正轨,纳入国家计划。国家计委、财政部每年拿出 2 000 万元扶持飞播造林。这一特大喜讯,给全国林业工作者,特别是广大从事飞播造林的科技人员以巨大的鼓舞、无穷的动力,使我国飞播造林进入了全面发展阶段。当年完成飞播面积比上年翻了一番,飞播省(区、市)增至 18 个。截至 2006 年,飞播省(区、市)增加到 26 个,全国累计完成飞播造林面积 3 042.5 万 hm^2,其中成效面积 1 100 多万 hm^2,占我国人工林保存面积的 1/4,为我国森林面积和森林蓄积双增长做出了重要贡献。

第二章 河南省飞播造林发展历程

河南飞播造林探索始于20世纪60年代。河南山区面积达444.2万 hm^2，这些地方山势陡峭、沟壑纵横、交通不便、人烟稀少、劳力缺乏，人工造林难度极大，成本特别高，甚至无法实施。于是在20世纪60年代初期开始尝试飞播造林，因当时缺乏经验，在关键技术环节上出现失误，致使首次试验失败。“文化大革命”时期基本停滞。1978年春，河南省在其他省(区、市)特别是邻省飞播造林成功经验的启示下，又在豫西伏牛山区的栾川、卢氏、灵宝三县进行了人工模拟飞播试验，取得了成功。在此基础上，1979年6月，在栾川、卢氏两县正式开展飞播造林试验9 670 hm^2，获得了良好的飞播试验效果，当年直接成效率达58%，从而为河南山区造林绿化开辟了新途径。

为进一步验证飞播造林的可行性和适播范围，1981年河南又将试验区域扩大到伏牛山南坡的内乡、西峡、淅川等县，飞播油松13 340 hm^2；1982年推进到太行山区的林县、辉县、淇县和桐柏山区的桐柏县以及大别山区的新县，均取得了良好的试验效果，多数播区的当年成苗率在40%～60%。同时，在修武、济源、鲁山、确山以及开展飞播试验的县，继续推进多地点、多树种分春、夏、秋三季进行的人工撒播模拟试验。参试的树种有油松、马尾松、华山松、侧柏、黑松、漆树、刺槐、臭椿等。

通过飞播试验，从中筛选出成效好的树种，有油松、马尾松、侧柏、漆树等，黑松虽成苗较好，但在成林后因易遭虫害而很少飞播，其他树种因出苗容易保苗难而被淘汰。成功的飞播期是：伏牛山区飞播油松、侧柏、黄连木宜在6月中下旬，飞播马尾松宜于秋播；太行山区飞播油松、侧柏、黄连木、臭椿宜在6月底至7月中旬；桐柏、大别山区在秋初或春末飞播马尾松成效较好。

飞播造林试验成功以后，为推广这一技术，加快山区绿化步伐，管理部门从以下几个方面入手，积极推进飞播造林工作：一是开展技术培训，壮大专业队伍。1981年，经省机构编制委员会批准，成立了河南省林业厅飞播造林工作队，专职全省飞播造林的管理工作。建队后，除重点抓好生产试验外，还狠抓了技术培训，先后举办了9次飞播造林技术培训班，从播区选择、规划设计、效果调查、播后管理等环节进行了系统培训，共培训基层林业技术干部1 000余人次，从而为搞好飞播造林工作打下了良好的技术基础。二是加强宣传。试验初期，因缺乏了解，一些领导对飞播造林工作不够支持，群众有怀疑，播后管护也不积极。为此，飞播工作者做了大量的宣传和引导工作，利用广播、电视、报纸、印发传单、布告等宣传工具和手段，大讲飞播造林的优越性和重要性，使播区干群人人皆知，家喻户晓，并组织有关县、乡领导和技术干部到外省或本省成效好的播区参观取经。通过参观，开阔了眼界，提高了认识。三是由点到面，稳步发展。随着飞播造林试验的不断成功，各地飞播造林的积极性也越来越高。为保证造林成效，在边试验边推广、不断总结的基础上循序渐进，稳步发展，到1982年底已发展到伏牛、太行、桐柏、大别山区的11个县。按当时的部颁《飞播造林技术规程》进行效果调查，河南省1979—1982年飞播作业面积104 333 hm^2，其中宜播面积70 467 hm^2，保存幼林27 467 hm^2，保存率为39%；依保存幼林面积计，每公顷造林成本127元，仅为国营林场人工造林保存面积平均成本525元的1/4。

1982年，邓小平同志指示："空军要参加支援农业、林业建设的专业飞行任务，要搞20年，为加速农牧业建设，绿化祖国山河做贡献。"并明确批示："每年4 000万元，为数不大，完全纳入国家计划，地方做好规划和地面工作，保证质量。这个方针，坚持二十年，可能得到较大实效。"从此，飞播造林列入国家计划，安排专项资金，进入了一个有计划快速发展的新阶段。从1983年起，中央财政开始对河南省飞播造林试验补助经费，省财政也多次追加资金，有关市、县积极做好地面导航工作，并于1992年起按15元/hm^2配了部分种子费，使飞播造林步伐进一步加快。2003年后，国家取消了对河南飞播造林的投资，为确保每年的飞播造林保持一定的规模，继续发挥飞播造林的优势，管理部门主要从以下几个方面入手解决飞播造林投入不足的问题：一是加强宣传，进一步提高广大干部群众对飞播造林工作重要性的认识，充分利用河南省飞播造林取得的成就，通过广播电视、报刊等多种形式，进一步加大宣传力度，提高了各级领导和广大干部群众对飞播造林工作重要性的认识，增强了绿化祖国、改善生态环境的责任感和紧迫感，并积极投身和支持飞播造林事业。二是广筹资金，加大对飞播造林投入。按照国家林业局"飞播造林以地方投资和群众投劳为主，国家补助为辅"的原则，继续实行了行之有效的省级补助、地方配套、部门支持、群众投劳的投入机制，并鼓励集体和个人投资，采取多渠道、多层次解决飞播造林资金。河南省各级林业部门大力宣传开展飞播造林的重要性，协调好各有关部门关系，使各级政府纷纷从扶贫资金、农业综合开发基金、育林基金和地方财政收入中拿出资金，弥补飞播造林和经营管理、科学研究经费的不足。特别是2007年河南林业生态省建设实施以后，三门峡、洛阳、新乡等市飞播造林积极性空前高涨，配套资金由过去的每公顷15元提高到每公顷60元。省林业厅也积极向国家林业局、省政府请求资金扶持，从而有力地保证了河南省飞播造林按计划完成。三是搞好规划，精心设计，开源节流，降低成本。采取“小播区、强措施、高效益”的设计原则，尽量避开农田、河道、村庄等非宜播地类，使播区宜播面积率最大化。同时组织好飞播施工作业，充分发挥每个工作人员的工作积极性，减少工作人员，开源节流，降低成本。

河南省飞播造林自1979年试验成功至2019年，先后在三门峡、洛阳、安阳、新乡、焦作、南阳、信阳、平顶山、鹤壁、济源、郑州、许昌等12个省辖市的39个县(市、区)开展了飞播造林，飞播造林作业面积111.23万 hm^2，人工直播造林21.9万 hm^2，成效面积37.3万 hm^2，成效率高达28%，占同期人工造林保存面积的37%，占同期人工营造林分保存面积的60%。同时，飞播造林由以油松、马尾松、侧柏等针叶树种为主扩大到黄连木、臭椿、五角枫、白榆等12个树种。目前，早期飞播的已郁闭成林、成材，发挥着保持水土、涵养水源、调节气候、改善生态环境和促进农业生产的多种效能。

2010年以来，由于大面积飞播造林地块已基本完成，飞播效果显著。剩余宜播地块分散且面积小，继续使用“运五型”飞机播种已不适合当前飞播条件。直升机飞播造林具有速度快、机动灵活、稳定性好等特点，省林业厅研究决定，2014年在三门峡市渑池县、洛阳市汝阳县、许昌市禹州市等地开展了直升机飞播试点试验，直升机飞播试验的成功，为河南省开创了飞播造林新局面。

2017年5月开始，河南省开始逐步探索无人机精准飞播造林。无人机具有更加机动灵活的特点，不需要固定的机场和跑道，对临时起降场地技术要求不严，可按预先设计的轨迹飞行作业，飞播造林更加精准，适用于目前河南省较为分散的小播区群的设计。

为进一步提高飞播造林精度，2019年河南省除直升机飞播外，首次在辉县市、汝阳县、淅川县开展无人机飞播试点工作，试点面积1 033.33 hm^2，降低飞播作业成本，提升飞播造林质量和效益。2020年在辉县市、博爱县、济源市和伊滨区4个县(市、区)完成作业面积566.67 hm^2。目的是解决豫北太行山区剩下的石灰岩、钙质岩等困难造林地的造林问题，今后还要拓展到亟待复绿的矿区地区，通过分类施策，达到精准飞播的目的。截至目前，已完成无人机飞播作业面积10万余亩，从此开启了河南省无人机精准飞播造林的新篇章。

目前采用的双旋翼油动型无人机，在国内处于领先地位，载种量在50~100 kg，相当于普通小型无人机的10~20倍以上。无人机飞播造林将成为河南省实施国土绿化提速行动、加快森林河南建设的新途径。逐步解决河南省伏牛山、太行山山区剩下的困难造林地造林问题以及亟待复绿的矿区生态修复，增加国土植被覆盖，为维护天蓝、担当地绿、守护水清、营造宜居担当起新时代的重任。

实践证明，飞播造林对于加速国土绿化、培育后备森林资源、加快生态环境建设、促进农牧业发展和农民脱贫致富具有十分重要的现实意义和深远意义。

第三章 河南省实施飞播造林的重大意义

党的十八大以来,习近平总书记高度重视生态文明建设和林业改革发展,反复强调“绿水青山就是金山银山”,深刻指出发展林业是全面建成小康社会的重要内容,是生态文明建设的重要举措,林业建设是事关经济社会可持续发展的根本性问题。近年来,在河南省委、省政府的正确领导下,全省上下认真贯彻落实习近平生态文明思想,坚持新发展理念,扎实开展国土绿化行动,森林资源持续增长,林业产业快速发展,生态保护不断加强,林业生态省建设水平不断提高。我们必须清醒地认识到,河南是一个缺林少绿的省份,植树造林、改善生态,任重而道远。我们一定要提高政治站位,认真学习领会习近平生态文明思想,充分认识推进国土绿化、建设森林河南的重大意义,切实增强工作使命感、责任感、紧迫感。

一、建设生态文明、统筹“五位一体”的内在要求

建设生态文明,关系人民福祉,关乎民族未来。党的十八大将生态文明建设纳入“五位一体”中国特色社会主义总体布局,要求把生态文明建设放在突出地位,融入经济建设、政治建设、文化建设、社会建设各方面和全过程。林业是生态文明建设的关键领域,是生态产品生产的主要阵地,在推进生态文明建设的历史进程中,肩负着更加光荣的使命,承担着更加重大的任务。我们要准确把握林业生态在经济社会发展全局中的重要地位,按照统筹推进“五位一体”总体布局要求,毫不动摇地加快造林绿化,增加国土植被覆盖度,维护森林资源安全,努力使山更绿、水更清、天更蓝,有效提升河南整体生态环境质量。

二、增强承载能力、实现永续发展的重要基础

习近平总书记深刻指出,森林是陆地生态系统的主体和重要资源,是人类生存发展的重要生态保障。历史上,我们一些地方乱砍滥伐、乱垦滥占、乱采滥挖,森林生态系统遭到严重破坏,导致水土流失、湿地减少、灾害频发、生态功能退化,教训十分深刻。近10年河南湿地面积减少3.73万hm^2,还有2万多km^2水土流失土地亟待治理,全省荒漠化土地面积1万hm^2,石漠化土地面积7.47万hm^2,部分区域环境承载能力已达到或接近上限,环境容不下、资源撑不住、发展保不了的局面日益严峻。山水林田湖草是生命共同体,森林是空气的净化器、水源的涵养体、土壤的守护神,是维持生态系统平衡的主要载体。有关资料表明,5万亩(0.33万hm^2)森林的储水量,就相当于一个100万m^3的小型水库。全省森林每年可涵养水源120亿t左右,约相当于小浪底水库的库容,同时每年可固土2亿多t,减少土壤肥力损失1 000多万t,增加土壤氮磷钾营养物质40万t。我们只有大力推进林业生态建设,持续拓展生态空间,才能拓展发展空间,提高生态承载能力,构筑绿色生态屏障,为经济社会可持续发展提供良好生态支撑。

三、改善人居环境、建设美丽河南的现实途径

随着我国社会主要矛盾的变化,人们对优美生态环境有了更高要求:过去"盼温饱",现在"盼环保";过去"求生存",现在"求生态";过去"要硬化",现在"要绿化"。但当前河南省的生态环境状况还不尽如人意,全省主要污染物排放强度高于全国平均水平,空气质量优良天数比例不到60%,与78%的全国平均水平差距很大。而PM10、PM2.5的浓度高,雾霾严重,与森林植被不足是有直接关系的。森林是陆地上最大的碳储库,具有释放负氧离子、净化空气、消减噪声、吸附粉尘、阻挡光辐射等多种生态功能,是解决城市污染、噪声、粉尘、热岛效应等问题最直接、最有效的手段。据测算,森林每生产1 t干物质,可吸收(固定)1.63 t二氧化碳,释放1.19 t氧气;一个装机容量20万kW的燃煤发电厂一年排放的二氧化碳,可以被3.2万hm^2人工林吸收。因此,我们要科学开展国土绿化行动、加快建设森林河南,宜造则造、宜封则封、宜林则林、宜灌则灌、宜草则草,把宜绿的地方都绿起来,让林业充分发挥维护天蓝、担当地绿、守护水清、营造宜居的重要作用,努力建设美丽河南。

第四章 河南省飞播造林取得的成效

1978 年,河南省飞播造林首次在伏牛山区的栾川、卢氏、灵宝三县开展人工模拟飞播试验,取得了试验成功;1979 年 6 月,在栾川、卢氏两县开展飞播造林试验 9 670 hm^2,当年直接成效率达 58%,获得了良好的飞播效果,从此拉开了河南飞播造林的序幕。40 年来,河南省飞播造林经过试验、总结、研究、推广,质量和效益不断得到提升和发展,取得了令人瞩目的成就。

一、加快了国土绿化进程

截至 2019 年,累计完成飞播作业面积 111. 23 万 hm^2,累计成效面积 37. 3 万 hm^2,其中成林面积 25. 94 万 hm^2。在老播区内开展补播补植 10. 49 万 hm^2,填空补缺,促使连片成林。在播区内部和播区之间的造林空当以及与播区相连的宜林荒山上开展人工直播造林 11. 52 万 hm^2,保存合格面积 7. 75 万 hm^2。通过开展飞播造林,加快了河南省荒山造林绿化步伐,为河南省森林面积和森林蓄积双增长做出了重要贡献。

二、飞播区域、树种及规模不断扩大

全省飞播造林由人工模拟试验,扩大到集中连片、大规模生产应用,由伏牛山区扩大到太行、桐柏和大别山区；由1市2县扩大到目前的12个市39个县(市、区)；由油松1个树种扩大到马尾松、侧柏、臭椿、黄连木、栾树、刺槐、盐肤木、漆树等12个树种；各地自主飞播造林由2017年的5万亩(0.33万 hm^2)增加到2019年的10万亩(0.67万 hm^2)，开展飞播造林的积极性逐年高涨。

三、探索应用多种飞播模式

1979—2014年，河南省飞播造林主要采用“运五型”飞机实施作业，2015年成功将直升机引入飞播造林，以点带片，以片带面，2018年全面采用直升机飞播造林；2017年5月开始，积极探索无人机精准飞播造林技术研究，2019年河南省首次开展无人机飞播试点面积1 000余 hm^2，截至目前，累计完成无人机飞播造林10万余亩，各项技术在全国居于领先地位，实现了全国无人机大规模飞播造林零的突破，不断创新了飞播模式。

四、建立了飞播林基地

通过飞播造林和补植补造，全省已形成集中连片1万亩(666.67 hm^2)以上的飞播林130余处，10万亩(6 666.67 hm^2)以上的12处，30万亩(2万 hm^2)以上的有4处。目前已在太行山区的林州、辉县、修武和伏山区的栾川、卢氏、内乡、南召、淅川等8个县(市)建成了总面积10.41万 hm^2 的飞播林基地，形成以飞播林为主体的多林种、多树种、结构比较合理的新林区，创造出了巨大的经济、生态效益和社会效益。

五、改善了山区生态环境

多年来，通过开展飞播造林，增加了河南省山区的森林覆盖率，有效控制了水土流失，生态环境明显改善。通过飞播林区的调查，降雨量和空气湿度明显增加，水源得以涵养，野生动物种群和数量大幅增加，一些过去罕见的国家级保护动物如金钱豹、金雕、灰鹤、鹿等现在经常出没于飞播林区，生态环境逐步向良性发展。

六、生态扶贫成效显现

各地依托飞播林基地建立森林公园、湿地公园、自然保护区等景观资源，发展森林旅游和休闲康养产业，吸纳当地贫困人口就业。旅游产业持续、快速地发展，为实施乡村振兴战略、做好“三农”工作提供了重要抓手，形成“靠山养山、养山兴山、兴山致富”生态扶贫的良好局面。

第五章 河南省飞播造林的基本经验

40 年来,河南省飞播造林实现了从无到有,从小面积试验到大面积推广,直到大规模工程化实施,取得了令人瞩目的成就。这些成绩的取得,主要得益于以下几方面。

一、领导重视是关键

省委、省政府高度重视林业生态建设,一些领导亲自到飞播区视察指导,对全省飞播造林工作给予了充分的肯定和支持;飞播地区都成立了由地方党政领导挂帅,财政、空军、气象、森林公安等部门参加的飞播造林指挥部,并深入生产一线,帮助研究解决飞播造林工作中的困难和问题。为了加强全省飞播造林的经营管理,1981 年初,经省机构编制委员会批准,成立了河南省林业厅飞播造林工作队。不少市、县也都成立了相应机构,重点基地乡建立了飞播造林管理分站,切实加强了对飞播造林的组织管理。目前,全省有市级飞播站 3 个,县级飞播站 8 个,乡级飞播站 22 个,拥有专职飞播造林技术人员 105 名,并先后培训了 900 多名飞播造林技术骨干,保证了飞播造林工作的顺利开展。近年来,洛阳市高度重视飞播造林工作,每年市财政列支 200 万元用于市本级飞播造林。南阳淅川等地每年自主增加飞播造林 5 万亩(0. 33 万 hm^2),为飞播造林事业的发展注入了活力。

二、资金投入是保障

河南省始终坚持地方投入为主、国家补助为辅的原则,逐步完善飞播造林多渠道、多层次的投入机制,较好地保证了飞播造林任务的完成。1983 年以来,中央财政每年拨付河南省的飞播造林补助费在 100 万元左右。省财政每年配套 150 万元左右,市、县及乡村群众投资投工每公顷 22. 5 元。从 1992 年起,省财政每年新增加配套资金 150 万元。为管好用好这些资金,一方面,坚持飞播造林实绩核查制度,把年度飞播造林资金的安排与任务多少、配套资金的落实、施工质量和综合效益好坏挂起钩来,调动多方面的积极性,支持飞播造林。另一方面,对飞播资金实行专款负责制,按照"按规划设计、按项目审批、按设计施工、按工程验收、先审批后拨款"的原则,做到播前有设计审批、有经费预算,施工中有监督,播后有结算。同时,按资金来源规定了严格的使用范围,每年对飞播造林经费使用情况进行审计,基本上做到了专款专用。

三、技术创新是根本

科学技术是第一生产力。在飞播造林工作中,河南省始终十分重视科研与新技术推广工作。40 年来,先后制定完善了《河南省飞播造林工作细则》《河南省飞播造林成效调查实施办法》《河南省飞播区补造工作办法》《河南省飞播林基地规划设计方法》《河南省人工直播造林工作细则》《河南省飞播区补植补造检查验收办法》《河南飞播营造林新技术》《河南省飞播造林补助资金管理办法》《河南省飞播营造林实绩核查办法》等,并汇集出版了《河南林业科技(河南省飞播造林研究论文专辑)》,使飞播造林纳入规范化管理轨道。与此同时,大力开展科学研究,针对飞播作业时地勤工作任务繁重、投资投劳大和飞播林郁闭度大等特点,全省陆续研究探索、推广应用了GPS定位导航、ABT生根粉拌种、多效复合剂种子处理、种子丸粒化试验、直升机飞播技术、无人机精准播撒技术、飞播林经营等一批实用科技成果。先后有17项科研与技术推广成果获奖,其中省级4个,市(地)级8个,县级5个。获得一种植保飞播无人机的飞播器、一种植保飞播无人机缓震起落架、一种植保飞播无人机的自平衡喷杆、一种植保飞播无人机防振荡播撒器等国家发明专利及实用新型专利等10余项,有效提升了河南省飞播造林成效。

四、质量管理是保证

飞播造林是一项技术性强、涉及面广的系统工程。因此,在飞播造林中,始终按照全面质量管理的要求,强化每一个技术环节。一是搞好播区选择。把降水较多、植被适中、条件较好的豫西、豫南、豫北山地作为重点飞播区,按照"小播区、强措施、高效益"的原则,选择相对集中的播区,既有利于调机、调种和施工作业,也有利于集中力量绿化大面积宜林荒山。二是强化播区设计,严把种子检验关。各地严格按照工程造林管理制度办事,认真搞好规划设计。省林业厅每年组织工程技术人员逐播区、逐地市进行审查、论证,严把规划设计关,做到不审批不施工。为了提高飞播用种质量,省飞播造林管理站对用于飞播造林的种子,分批抽样,严格检验,做到种子质量不合格不上飞机。三是与气象部门合作,选好播期。通过召开气象、林业部门播期预测会等形式,努力选好播期,为飞播造林创造良好的降雨条件。四是严把飞行作业质量关。在飞播作业前,由各地党政部门领导牵头,组织有关部门成立"飞播造林指挥部",统一协调指挥。飞播作业中,认真搞好播种质量监测,努力提高落种率。同时,加强与民航、济空、北空等飞行部门的密切合作,及时解决飞行作业中出现的问题,保证飞播质量。五是狠抓技术人员的培训工作。通过聘请有关专家授课、举办培训班、召开经验交流会和飞播造林现场会等办法,培训全省飞播造林技术骨干和农民技术员,努力提高飞播造林的技术水平,大大推动了飞播造林工作的开展。

五、管护措施是责任

提高飞播造林成效,重在"管"字上。各飞播县(市、区)都做到了种子落地,管护上马,播后死封3~5年,活封7~8年,在死封期间坚决执行"五不准"(不准放牧、不准砍柴割草、不准开荒种地、不准烧荒、不准挖药)。不少地方全面实行了以封护为主的责任制,以国有林场、集体林场、乡(镇)林业站为依托,组建护林队伍,并切实加强对护林员的管理,做到乡(镇、场)有档案,县局有名册,定期进行集训、轮训。还有不少地方,制定了奖罚分明的护林制度,做到责任落实、奖惩分明,调动了护林队伍的积极性,保证了飞播林的健康成长。在搞好管护的同时,不少地方还积极探索飞播林经营管理的新模式,对飞播林进行分类经营,按照"无苗地造,疏苗地补,密苗地间,天然苗留,被压苗抚"的原则,分别采取不同的管理措施,提高了成效面积。

六、媒体宣传是造势

40年来，河南省始终把宣传作为飞播造林的第一道工序来抓，全省各地充分利用广播、电视、报纸等新闻媒体，广泛宣传飞播造林速度快、成本低、效果好的优点，宣传飞播造林在改变生态环境、改善农业生产条件、促进农业和农村经济发展中的重要作用。通过召开经验交流会、现场考察等形式，宣传飞播造林的重要作用。据统计，先后在《中国绿色时报》《河南日报》，中央电视台、电台，河南电视台、电台，地方电视台、电台等新闻媒体宣传报道有关飞播造林的信息、稿件100余篇，通过广泛宣传，扩大了影响，提高了社会对飞播造林的认识，调动了各级、各部门和广大山区群众飞播造林的积极性，为河南省飞播造林的快速发展创造了良好的外部条件和舆论氛围。

第六章 河南省飞播造林的发展对策

近年来,河南省国土绿化提速行动虽然取得了明显成效,但与习近平总书记调研河南时提出的河南"在全国生态格局中具有重要地位"的总体定位,与省委、省政府提出的森林河南"六化"建设目标,特别是《森林河南生态建设规划(2018—2027年)》提出的总体目标,以及与广大人民群众对优美生态环境的热切期盼还有很大的差距,任务还很艰巨。实践证明,飞播造林是符合河南省省情与林情的重要造林绿化方式,是恢复与重建森林的重要途径之一。积极做好飞播造林工作,对实现国土绿化提速行动,特别是山区造林绿化有着重要意义。

一、要重视和发挥飞播造林的作用优势

随着河南省大规模国土绿化的加速推进,立地条件好、容易绿化的地方几乎都绿化了,剩下的都是难啃的"硬骨头",剩余造林地自然条件更加恶劣,立地条件更差,地形相对复杂,人工造林十分困难。大家都知道,飞播造林具有速度快、省劳力、成本低、投资少、活动范围广等特点,要重视飞播造林的作用,充分发挥飞播造林的优势,加快山区造林绿化的步伐。要主动和当地有关部门协调,积极争取市、县财政的大力支持,落实好飞播配套资金,多渠道、多层次积极筹措飞播造林资金,想方设法解决飞播资金投入不足问题。要加强多方协调,确保每年飞播造林施工作业安全、有序地开展。

二、要加强科技运用,不断提高飞播成效

近年来,全省开展了飞播造林多树种选择以及种子丸粒化处理技术试验,通过设置不同海拔、坡向、坡位等因子的标准地,利用无人机精准播撒技术,研究探索灌木林地的更新改造,不断提高林地质量和效益;飞播用种要全部采用鸟鼠驱避剂、抗旱保水剂、ABT生根粉等药剂配方进行拌药处理,依据历年抽样调查结果,拌药处理的种子平均保存率为88.3%,大大降低了鸟鼠危害,提高了种子发芽率、幼苗生长及保存率,确保河南省飞播造林成效,达到提质增效的目的。

三、要加强技术创新,不断提升飞播质量

飞播造林是一项技术性很强的工作,必须把依靠科技创新贯穿于飞播造林的全过程中,落实到每个生产环节。要大力推广应用"3S"新技术、鸟鼠驱避剂拌药处理、直升机飞播技术应用等,提高飞播造林成效;针对飞播造林技术中的难点和薄弱环节,要积极探索、深入研究,加强飞播树种选择、栎类等大粒种子播撒器的研制,以及膜化和丸粒化处理、播前地面简易处理、无人机精准飞播技术应用等技术难题的协作攻关,不断提高飞播造林的科技含量;特别是河南省低海拔相对分散、面积较小的困难造林地以及亟待复绿的矿山地区,重点开展无人机飞播造林(种草)、水土保持等试验研究,加速科技成果的转化。

四、要精细播区管护,不断巩固飞播成果

飞播造林是基础,管护是关键。各地要牢固树立“一分造,九分管”的指导思想,推广“播封结合、以播促封、以封促播”的成功经验,同时加强飞播区经营管理,对播区内出苗不均匀的地段、林中空地和稀疏林地,充分利用和发挥土地潜力,以培育针阔混交林为原则进行补植补播。要加强飞播林的抚育管理、防火、虫鼠害防治等工作,促进飞播林的正常生长,不断提高森林质量,增强和发挥森林的多种效益。

因此,今后一个时期,河南省飞播造林继续坚持分类经营、生态优先、统一规划、分步实施,依靠科技,质量第一,以本地、本区域乡土树种为主,飞封造管相结合,持续增加绿量,不断改善环境为原则。总体思路是:立足一个中心,突出两个重点,强化三项举措,实现四大转变,即紧紧围绕森林河南生态建设这个中心,突出抓好播区选择和规划设计两个重点环节,强化飞播宣传、播后管护和试验研究三项举措,实现飞播疏林地、灌木林地向乔木林地为主的转变,飞播机型由直升机向无人机精准飞播造林为主转变,由靠经验飞播向科学飞播转变,由飞播造林向飞播营造林为主转变。

第七章　无人机飞播技术研究与探索

随着我国社会经济水平的不断提升,科技创新能力迅猛发展,信息技术、自动化控制技术不断成熟与完善,无人机的运行模式、技术保障已经趋于稳定、可靠,无人机在很多领域都有着深入、广泛且不可替代的应用。近年来,我国微电子、微纳米、微机电及航空航天等高新技术日渐成熟,为无人机产业的发展奠定了坚实的基础,无人机技术应用范围从军事领域扩展到地质探测、测绘、灾害监控、森林防火、农药喷洒和快递运输等多个民用领域。

第一节　无人机的发展与应用

无人机在西方国家的研究和使用,相较于我国要早至少30年。早期我国的空域管理不够完善,无人机发展受到了一定程度的制约。我国对无人机的研究始于20世纪五六十年代,经过几十年的积淀和发展,近年来,无人机产业的发展在我国军用和民用领域都表现出了爆发式、高效益等特性,如今我国的无人机无论在技术上还是在规模上都已经较为成熟。以植保无人机为例,2015年我国无人机有关发明和新型专利申请合计为2 000多件,2017年无人机领域涉及发明专利和新型专利申请量达5 000多件,增长速度大幅加快,2018 年高效植保机械需求量在 8 000 架次左右,作业面积达到 2 亿亩次,2020 年植保无人飞机市场保有量已突破 10 万架。当前,无人机技术在地图测绘、气象预报、灾害监测、农业生产、林业工作中都得到了广泛应用,无人机正逐渐朝着综合传感和系统集成方向发展,其通用性将会逐步提升,未来的无人机产业将呈现出超高的增长模式。无人机的发展带动了我国 GDP 以及国际产业地位的提高,在林业工作中应用无人机技术,对提高工作效率和工作质量、有效预防预警灾害等做出了应有的贡献,对促进林业生产和生态保护都具有积极作用。

无人机是通过自动化技术进行控制的不载人运输飞机,在林业工作中,无人机技术的应用目前主要集中于以下三方面:一是无人机搭载多镜头倾斜相机、高光谱成像仪、红外扫描仪、光学相机等仪器,进行高空拍摄、遥测、视频摄影等航拍摄影工作,获取空间遥感信息。除此之外,无人机高光谱遥感技术还可用于对树木种类的分辨和树木病症的检测等研究,高光谱遥感凭着其优势在植被研究中的应用已从植被遥感扩大到绿色生态意义方面。二是无人机搭载激光雷达,获取森林的三维结构信息,激光雷达脉冲能够穿透部分森林冠层,在森林蓄积量反演方面存在巨大潜力,为今后进行森林资源调查提供了新的方法。三是利用无人机植保原理,通过无人机定位,设置播种路线,实行精准播种,效率远远高于人工播种,且播种时无漏播、重播的现象,速度快,实践可操作性强。

无人机精准飞播造林是一种新型的播种方式,无人机载重量较小,但灵活性大,架次时间短、能耗少,在相同区域多架无人机可以同时进行作业;无人机在进行飞播施工中,飞行高度在相对高度 50 m 以下,能更加精准地将种子投放到指定作业区域;无人机的起降是在播区内部,除操作员外不需要其他工作人员,作业安全系数高,起降时的事故率低;在地形条件复杂地区开展无人机飞播造林试验,能够有效提高飞播造林质量,可以为科学开展飞播造林奠定基础。

第二节　河南省无人机飞播造林

一、河南省无人机飞播造林的发展

为创新飞播模式,达到精准飞播造林,解决豫北太行山区剩下的石灰岩、钙质岩等困难造林地的造林问题,加快生态保育重建生态多样性的稳定生态系统,通过分类施策,探索采用新技术和新方法,以现代林业的科学标准快速恢复森林植被覆盖率和植被多样性,提高绿化造林工作效率,降低绿化造林成本,发挥无人机在河南省国土绿化提速行动中的重要作用。河南省无人机精准飞播造林各项技术在国内居于领先地位,其中一种植保飞播无人机的飞播器、一种植保飞播无人机防振荡播撒器、一种植保飞播无人机的自平衡喷杆等 10 多项技术获得国家发明专利。

2017 年 5 月开始,河南省林业调查规划院积极探索无人机精准飞播造林技术,结合河南省飞播造林的实际,与承飞单位陆续开展了有关无人机飞播造林的播撒器、地面工作站及相关软件等的研究与开发工作,并将"3S"新技术融入飞播造林作业设计中,大幅度提高了播区设计精度和导航精度,宜播比例由国家规定的 70%提高到 95%以上。2018 年

3月开始，对无人机进行改进，安装大功率发动机，采用多旋翼、油动型（95号汽油），纯种粒纯播的载种量在50~65 kg，种粒与带有翅果的种子混播载种量在40~50 kg。2019年1月开始，对无人机播撒器进一步改进，飞行稳定性逐步改善，定点导航逐步成熟，载种量可达100 kg左右，首次在辉县市、汝阳县、淅川县开展无人机飞播试点工作，试点面积1 033.33 hm^2，开启了河南省无人机精准飞播造林的新篇章。2020年在辉县、博爱、济源和伊滨区4个县（市、区）完成无人机飞播造林566.67 hm^2，2021年通过油松、侧柏等混合播撒方式完成无人机飞播造林5 000 hm^2，截至目前，已完成无人机飞播造林10万余亩，实现了全国无人机大规模飞播造林零的突破。利用无人机精准飞播造林，标志着河南省飞播造林进入了一个全新的领域。

二、河南省无人机飞播造林的经验

本着有利于无人机安全飞行、多树种混播和精准导航等开发理念进行研究，基于近几年在河南省实际飞播工作中积累出的第一手数据资料，合理利用无人机平台有效空间和载荷能力，针对播撒设备制造基础材料进行了多次设计和改进，最后选用航空铝材，质地轻巧，并采用内嵌式构型，与无人机平台的动力部分紧密契合，安装在起落架内，基本不影响系统的整体布局和重量配比。根据近年来河南省飞播造林使用的种子类别、体积、密度、千粒重等数据，确定了播撒设备的重量和体积、外形。同时结合混播方式，满足与播种量相匹配的作业速度，保证播区所有小班播撒均匀，达到无遗漏、无死角飞播造林。基于此，从2018年9月开始，对飞播设备的技术功能和具体构成进行多次修改和试制，采用的自动导航方式测试完成的装种量为50 kg；按作业设计的播量不同，可计算出一架次的作业面积；2019年1月开始，进行飞行稳定性测试，装种量为100 kg，通过飞播试验进一步确定相关播幅、飞行高度、速度等详细参数；2020年6月开展载种量100 kg的无人机飞播造林试点工作；2021年重点对播撒设备进行改进和完善，目前已测试完成的装种量为200 kg，稳定性大幅改善，自动导航逐步成熟，有望在今后开展施工作业试飞工作。通过不断总结经验，提高飞播造林质量，为河南省推广无人机飞播造林以及制定相关标准规范提供科学依据。

为了对飞播无人机实际作业的环境条件掌握更加准确，无人机平台搭载飞播设备在小区域测试内场、平原地区、丘陵地区、浅山地区等不同环境地况，分别就空载飞行、半载飞行、满载飞行等类型进行飞行测试摸底，对系统的实际飞行性能与不同作业需求如飞行高度 80~120 m、载种量 50~65 kg（纯油松种子）、播幅 50~60 m（间距 12.5 m，13 块 1 m×1 m 的接种布）等试点参数做了详细测试和记录。根据飞播作业任务的基本需求和飞行环境特殊性，无人机平台确定为并列式双旋翼油动型无人机，2018—2019 年采用的第一款 BY-50 型有效载重定为 50 kg，改善了其他农林用无人机效率低、成本高的部分问题。无人机平台经过技术论证、模拟仿真、部件测试、软件开发、样机试制和系统联调等工作流程，实现正常的起降和满载飞行，并对各项技术参数进行测试，基本达到预期研制计划。在此基础上，无人机精准飞播造林增加以下方面的改进和完善：

（1）载种量提升至满载 100 kg 混合树种。

（2）侧壁安装一个观察箱，在每次完成飞行任务后可以从侧面看到内部种子是否剩余，方便在设备发生故障的时候取出剩余的种子。

（3）已加摄像头，在飞行过程中观察播种箱内种子的剩余情况以及作业环境情况（图传距离 2~3 km）。

（4）加种口做大，种子可以直接用袋子倒入播撒设备中。

（5）更换大功率的舵机解决无人机在自主飞行时遇到大风天，调整飞行姿态所导致的舵机发烫、在地面停留时间过长的问题。

（6）播撒箱与电机衔接的部分加过滤网，防止小颗粒种子卡在电机内部，导致转盘转速过慢，影响播撒速度。

与“运五型”飞机、小型直升机相比，无人机飞播价格更加低廉，无人机飞播作业成本投入主要包含无人机制造投入成本、设备损耗所需保养和维修、无人机飞行燃料、无人机保险、参与人员成本、参与车辆成本、空域申请费用等，综合成本平均到每亩作业中大约为 15 元/亩。飞播造林现行投资标准为单位面积投资 17.0 元/亩左右，无人机飞播作业不仅满足了实际生产需要，而且减少了飞行费、油价、机场占用与维修以及劳务等成本，拥有速度和效率两大利器的无人机飞播作业，毫无疑问是一个巨大的科技创新之举。

三、河南省无人机飞播造林的问题

我国空域分类体系不完善，隔离运行方式难以满足无人机等航空器不断增长的飞行需求。国内低空空域上限高度对无人机的要求是飞行速度在 100 km/h 以下，飞行高度主要在 1 000 m 以下。据统计，截至 2020 年底，我国无人机注册用户数量已经超过 30 万个，就目前的产业发展看来，1 000 m 以下的低空空域有些不足。随着越来越多的航空器被研发和投入使用，今后必然会有更多的无人机参与到空域的飞行中，无人机多半体积较小、飞行高度低、飞行速度慢，很容易被民航雷达所“忽视”，所以大量无人机的出现给空中飞行秩序造成了一定程度的问题，而无人机与鸟类、有人机等飞行物的碰撞问题也有可能发生。

目前在农林行业，测试使用的无人机种类极少，有两款专为农业设计使用的，只能在田间作业，飞行时间短，设备材料轻便但强度有限，只适合单一农作物种子使用；另一款为林业飞播测试的机型，载重仅有 5 kg，适用的作业种子有限，并且不能用于多种飞播树种的混播播撒。在很大程度上，河南省无人机飞播造林实现了精准航线的自动飞行，但是在播区不够通视、沟谷发育强烈的条件下,还需进一步研发,使作业效果与系统飞行安全达到均衡,真正达到山区复杂条件下的精准飞播;此外,在山区复杂的立地环境中,载种量为100 kg 的无人机平台飞行存在不稳定性,飞播设备稳定飞行的能力有待完善,应增加可调节能力,满足多种条件下的使用要求。近年来,随着信息技术的发展,越来越多的新技术与无人机联系起来,如遥感技术、GPS 导航技术、GIS 系统、DSS 系统等新技术的加入,促进无人机飞播造林进一步发展,开发先进的控制技术势在必行。

在无人机飞播造林中缺乏专业系统训练的操控员,在地面操纵无人机,与在空中驾驶有人机是完全不一样的。在地面操作无人机,无人机与操控员人机分离,靠通信信道相连,感知和操控飞机状态都有一个延迟,通过拨动操纵杆将无人机的飞行姿态控制在自己的掌握之中,必须了解和掌握气象知识、空域知识、无人机构造知识、电子线路连接、飞行原理、遥控系统、无人机日常维护、民航无人机法规等各种无人机相关的知识,无人机操控员必须经过专业化的培训,才能应付飞行和维修保养中遇到的各种问题,才能胜任操控无人机完成航空作业任务。近几年的无人机精准飞播造林作业多数由承飞单位输送飞控基础扎实的飞控师,为了更好地运用无人机飞播造林相关理论与技术快速分析、解决工作任务,应该培养具备低空无人机组装、调试、维护、操控等能力的专门人才。

四、河南省无人机飞播造林的发展对策

我国无人机产业的发展与空域管理体制改革密切相关,科学合理地划设低空空域,优化空域资源配置,制定统一的无人机管理技术标准,加强无人机进入市场前的审批力度,明确无人机驾驶资格证要求,进一步简化无人机飞行审批,减少飞行限制,为无人机发展创造管理宽松、运行灵活的空域使用环境。另外,进一步优化和调整航路航线结构,解决飞行繁忙地区空域拥堵问题,缓解空域使用矛盾,提高空域运行效率和安全运行水平。在无人机飞播造林作业过程中,严格遵守中国民航局出台的《轻小型无人机运行规定(试行)》这部无人机飞行交通法规,空域资源利用和保护并重,才能加快低空空域的开放,进而助推无人机在林业事业中的广泛应用。未来,我国将会有更多空域逐渐开放,为了保障无人机有序安全飞行,应加强空域资源统一管理,带动无人机精准飞播造林优质发展。

无人机技术的应用需要良好的载体,而先进的无人机制造技术则是这一切的基础。我国无人机制造水平得到了快速发展,部分企业的制造水平已经在国际上排于前列,但无人机技术在林业工作中的应用尚处于初级阶段,尤其是林业工作中所使用的无人机,在图像、视频资料读取、影像绘制,无人机材料、续航和稳定性等方面需要相关部门及企业加大科研投入和实践验证。此外,无人机相关技术,如遥感、高分辨率数码相机等需要相关部门及企业加大科研力量投入和资金投入,以期进一步提高无人机技术研发水平和应用水平。针对在前期试点工作中出现的问题,抓紧进行完善,继续投入研发力量,将现有系统提升到一个更高的层次,以实际飞播精准作业为目标,充分发挥飞播无人机自身的优势和特色,满足精准飞播造林的要求,在载种量、自动巡航等方面不断提升与探索,争取有更大的突破。今后将大力推广应用"3S"新技术,利用 GPS 定位导航与无人机播种相结合,逐步在河南省伏牛山、太行山和大别山区推广无人机精准飞播造林技术,同时,研究探索灌木林地的更新改造,进一步提高林地质量和效益。

随着河南省林业现代化的飞速发展，无人机精准飞播区域不断增加，飞播作业面积不断扩大，无人机技术研发水平也不断提高，河南省对无人机技术的研发和人才应用越来越重视，林业部门应组织相关企业及科研人员，有针对性地建设专业的科研队伍，并培养专业的无人机操作人员队伍，使无人机技术在飞播造林工作中的应用得以顺利进行。对人才队伍和科研队伍建设给予大力支持，能够结合实际工作合理选用工作方法或技术手段，熟练掌握本专业新理论、新技术发展现状、发展趋势；进一步加强无人机操作员能力的培养，通过培训熟练掌握无人机的飞行原理和操作技能，以更好地服务于林业经济的发展，为无人机精准飞播造林技术研发奠定坚实的基础，为建设生态强省、建成森林河南贡献力量。

第二篇　省辖市篇

第一章 飞播造林四十载
昔日荒山披新绿(南阳)

党的十八大以来,党中央把生态文明放在“五位一体”战略布局中推进,大力发展林业,加快生态环境改善,南阳飞播造林工作迎来了发展的新时期。飞播造林作为南阳市造林的方式之一,为南阳林业跨越式发展做出了重要贡献。飞播造林事业的健康、稳定、快速发展,对国民经济建设、脱贫攻坚、农民增收起到了积极的推动作用。

第一节 基本概况

南阳市位于河南省西南部,豫鄂陕三省交界处。东邻驻马店市和信阳市,南接湖北省的襄阳市和十堰市,西与陕西省的商洛市相连,北与三门峡市、洛阳市和平顶山市三市毗邻。地理坐标为东经 110°58′~113°49′,北纬 32°17′~33°48′。东西长 263 km,南北宽 168 km,现辖邓州市、西峡县、淅川县、内乡县、南召县、桐柏县、镇平县、唐河县、方城县、社旗县、新野县 11 县(市)及宛城区、卧龙区、高新区、城乡一体化示范区、官庄工区、鸭河工区 6 区。总面积 2.66 万 km^2,总人口 1 194.23 万人(2017 年数据),是河南省面积最大、人口最多的市。

南阳市东、西、北三面环山,海拔在 72.2~2 212.5 m。地势呈阶梯状逐渐向中部和南部倾斜,构成向南开口与江汉平原相连接的马蹄形盆地(俗称“南阳盆地”)。造就南阳头枕伏牛、足蹬江汉、东依桐柏、西扼秦岭之势，是一个相对独立而又完整的地理单元。境内山地面积 967 669 hm^2，丘陵面积 795 344 hm^2，平原面积 885 766 hm^2，分别占到区域总面积的 36.5%、30.02%和 33.44%。

南阳大部分属长江流域汉江区的丹江、唐白河水系，东南和东北角有两小片属淮河流域的淮干及沙颍河水系。丹江为汉水的最大支流，发源于陕西省境内，由西北向东南流，在河南省南阳市淅川县境的荆紫关流入南阳，在南阳的主要支流有淇河、老鹳河等。唐河与白河均发源于伏牛山，由北向南纵贯南阳市全境，在湖北襄樊市以北汇合后称为唐白河，在南阳市的主要支流有潦河、湍河、刁河、泌阳河、东赵河、三夹河等。全市大型水库 2 座，中型水库 19 座，小型水库 489 座。全市水资源总量 70.35 亿 m^3，可供开采量约 8.58 亿 m^3，水储量、亩均水量及人均水量均居全省第一位。

南阳地处亚热带向温带的过渡地带，属于季风大陆湿润半湿润气候，四季分明。春秋时间 55~70 d，夏季时间 110~120 d，冬季时间 110~135 d。年平均气温 14.4~15.7 ℃，7 月平均气温 26.9~28.0 ℃，1 月平均气温 0.5~2.4 ℃。降水时空分布不均，降水多集中在 6—9 月，约占全年降水量的 62%，年均蒸发量为 844.5 mm，年降水量有 826.7 mm。年日照时数 1 897.7~2 120.9 h，年无霜期 220~245 d。年均相对湿度为 72%，7—8 月最大为 80%。夏秋两季受太平洋副热带高压控制，多东南风，炎热多雨；冬春两季受西伯利亚和蒙古高压控制，盛行西北风，气候干燥和少雨。

根据第二次土壤普查，南阳市土壤结构和分布情况比较复杂，共划分为 9 个土类，16 个亚类，33 个土属，120 个土种。其主要土壤类型基本上分为 7 个大类，即黄棕壤、砂姜黑土、潮土、水稻土、黄褐土、紫色土和其他土类，以黄棕壤和黄褐土为主。

南阳市地处北亚热带向暖温带过渡地带，全市共有维管束植物 184 科 927 属 2 298 种，其中蕨类植物 26 科 62 属 179 种，裸子植物 8 科 15 属 24 种，被子植物 150 科 850 属 2 092种。该区植被类型以阔叶林和针叶林为主。阔叶林是本区森林群落的主体，分布面积广泛，是本区的主要用材林、水源涵养林和经济林，主要树种有山茱萸、锐齿栎等。针叶林有 28 种，主要树种有华山松、马尾松、油松、铁杉等。在南阳市自然保护区中生存的 116 种珍稀植物中，列入国家一级保护植物的有银杏、红豆杉、南方红豆杉等 4 种，列入国家二级保护植物的有大果青扦、连香树、香果树等 13 种。河南省重点保护的 47 种植物在南阳市均有分布，另外还有 52 种植物为南阳市珍稀特有植物。全市共有常绿针叶林、阔叶林、竹林、灌丛、草丛等 5 个植被类型。另外，南阳市野生动物资源十分丰富，目前共有鸟类 271 种，兽类 62 种，爬行类 31 种，两栖类 45 种。其中，两栖类中的大鲵（俗称娃娃鱼）是国家二级保护动物；虎纹蛙既是省级重点保护动物，又是重要的经济动物。

至 2017 年底，南阳市共有 243 个乡（镇、街道），4 540 个农村村民委员会和 348 个社区居委会，总人口 1 194.23 万人。2017 年，全市生产总值达到 3 377.7 亿元，年均增长 8.2%。一般公共预算收入达到 174.8 亿元，年均增长 9.1%。固定资产投资达到 3 733.2 亿元，年均增长 15.6%。三次产业结构持续优化，二、三产业比重比 2013 年提高 1.8 个百分点。城乡居民人均可支配收入达到 19 119 元，年均增长 9.9%。粮食产量稳定在 60 亿 kg 以上。

目前全市林业用地面积 121.47 万 hm^2，森林覆盖率达 40.51%，森林资源总量位居全省首位。先后被全国绿化委员会、国家林业局授予“全国林业生态建设先进市”“全国绿化模范城市”“国家森林城市”等荣誉称号。

第二节 发展历程

南阳市飞播造林经历了试验与推广、大力开展、稳步发展和巩固提高四个阶段。

一、试验与推广阶段(1978—1981 年)

党的十一届三中全会以后,林业战线迎来了勃勃生机,荒山造林绿化成为各级林业部门的首要任务。为了探索加快造林步伐新途径,在省林业厅主持下,1978—1979 年在伏牛山区腹地的淅川县进行人工模拟飞播造林油松试验。由于设计合理、播期适时,试验效果显著,从而开创了南阳市飞播造林成功的先河,为加速山区绿化开辟了新途径。为进一步验证飞播造林的可行性和适用范围,1981 年南阳市又将试验区域扩大到伏牛山南坡的内乡县、西峡县、南召县和桐柏山区的桐柏县,均有较好成效,多数播区当年的成苗率在 40%~60%。参试主要树种有油松、马尾松、华山松、侧柏、黑松、漆树、刺槐、沙棘、香椿、臭椿等,撒播期分春、夏、秋三季。通过飞播试验,从中筛选出成效好的树种有油松、马尾松、侧柏等,同时混播漆树亦有一定成效,其他树种因“出苗容易保苗难”或易遭虫害难成材而被淘汰。通过试验,也进一步总结了南阳各飞播树种最佳的飞播时期,即伏牛山区飞播油松宜在 6 月中下旬,马尾松和侧柏宜于秋播;桐柏山区飞播马尾松宜于秋初或春末。

二、大力开展阶段(1982—1985 年)

从 1982 年到 1985 年,在中央财政和省财政的支持下,南阳市开始加大飞播造林力度,每年平均飞播造林面积达 1 万 hm^2,最高年份达到 1.4 万 hm^2。

三、稳步发展阶段(1985—2015 年)

经过前期大力发展,南阳市已基本完成了大面积宜林荒山荒地飞播造林任务。从 1985 年开始,南阳飞播进入了稳步发展阶段,向巩固、完善提高和集中连片的方向发展,每年的飞播面积在 0.3 万~0.7 万 hm^2。同时从 1992 年起,市县按 15 元/hm^2 匹配了部分种子费,保障了飞播造林更好地稳步开展。

四、巩固提高阶段(2015 年至今)

为改变过去单一的飞播模式,近年来,南阳市飞播造林工作认真贯彻落实习近平总书记“绿水青山就是金山银山”的发展理念,进一步加大新科技、新技术在飞播造林工作中的应用和推广,从播区的选址、设计和乡土树种的优先选用等方面入手,采用直升机、无人机播种新技术,实施精准飞播造林,探索开展大规模国土绿化行动的新途径,对于解决南阳市深山区剩下的困难造林地造林问题以及亟待复绿的矿区生态修复都具有重要意义,飞播成效显著提升。

第三节 取得成就

40年来,全市累计飞行217个播区,飞播设计总面积19.0万hm^2,有效面积15.8万hm^2,总成林面积达到7.3万hm^2,使昔日的荒山秃岭重新披上了绿装,形成了乔灌草、带网片相结合的区域性生态网格体系,生态环境得到明显改善。

一、加快了造林绿化步伐

通过对飞播造林满5年幼林的成效调查,2002年以前南阳开展飞播造林地6个县179个播区,设计面积15.4万hm^2,有效面积8.3万hm^2,占设计面积的53.9%;成苗保存面积7.0万hm^2,占设计播种面积的45.5%,占有效面积的84.3%,每公顷保存苗木均在3 000株以上。全市现已形成四大片集中连片飞播林基地,面积5.4万hm^2(以内乡县夏馆镇为中心的内乡基地1.9万hm^2,以南召县马市坪乡、崔庄乡为中心的南召基地1.3万hm^2,以淅川县盛湾镇、老城镇为中心的淅川基地1.2万hm^2,以西峡县桑坪乡、米坪镇为中心的西峡基地1.0万hm^2)。前30年南阳年均飞播造林0.6万hm^2,最高年份达到1.4万hm^2,仅飞播造林就消灭宜林荒山近10万hm^2,在较短的时间内迅速绿化了大面积荒山,恢复和提高了森林资源总量;近10年来,平均每年飞播造林0.27万hm^2。全市有林地面积从1984年的64.7万hm^2发展到目前的97.87万hm^2,净增33.17万hm^2;森林覆盖率从29.2%提高到40.51%。仅飞播造林使全市净增森林面积7.3万hm^2,森林覆盖率提高了3个百分点。

二、改善了山区生态环境

坚持飞播造林与人工造林相结合,山区生态环境得到了很大改善,播区成林后蓄水能力明显增强,野生动物明显增多,大部分播区呈现出山清水秀、山兔满山跑、雉鸡遍地飞、四季花香、万壑鸟鸣的喜人局面。内乡县500多条冲刷沟被林草覆盖,水土流失面积减少了75%,30余条枯河又流出了清水;淅川县大石桥镇毕家台村原有一无名泉,过去是季节性泉,下游河流经常断流,飞播造林后泉流量明显增加,在1998年大旱情况下,水流仍源源不断。据测算,淅川县飞播区土壤侵蚀模数由播前的5 195 t/km^2减少到1 000 t/km^2以下,有效减少了水土流失,减缓了丹江口水库淤积,净化了库区水源,依据飞播林区,全市已建成丹江口国家级湿地自然保护区和内乡湍河省级湿地自然保护区。

三、森林效益得到有效发挥

全市完成飞播造林19.0万hm^2,成林7.3万hm^2。按照《森林生态系统服务功能评估规范》(LY/T 1721—2008)等规程,参考《河南林业生态省及提升工程建设绩效评估报告》,经计算,飞播40年来,森林生态服务价值显著增加,已形成的飞播林每年涵养水源功能价值12亿元,保育土壤功能价值7.23亿元,固碳释氧功能价值2.69亿元,营养物质积累功能价值1.22亿元,净化环境功能价值2.94亿元,森林生物多样性功能价值8.08亿元,防护农田功能价值2.82亿元,森林游憩功能价值4.41亿元。

第四节　基本经验

一、领导高度重视，着眼高位推动

市委、市政府按照“建设具有较强吸纳集聚能力和重要影响力的大城市”的目标定位，始终站在改善生态环境、促进经济社会发展、建设生态文明大市的战略高度，制定了一系列得力措施，使飞播造林工作制度化、规范化，有力地促进了工作的开展。飞播区相关县成立了指挥机构，每年都由一名副县长任指挥长，人大常委会副主任、县武装部部长任副指挥长，计委、农办、林业、民航、气象、邮电、公安、商业、粮食等单位主要负责人为成员。在飞播造林实施中，市政府历届领导加强指导，多次深入一线，慰问干部职工，在财政十分困难的情况下，将飞播造林经费列入财政预算；相关县委、县政府主要领导，乡镇党委书记，亲自组织飞播造林。1981 年，时任盛湾乡党委书记黄玉均(后任南阳市长级干部)，亲自带领有关人员，坚持 21 天不下山，直到 3 万亩(0.2 万 hm^2)飞播造林全部完成。

二、部门通力协作，确保造林完成

飞播造林是一项跨行业、跨部门的工作。20 世纪 80 年代，在经济落后、物资匮乏、交通不便、通信困难、群众温饱不能解决的情况下，要完成年均 1.33 万 hm^2 以上的飞播造林任务，需要各部门密切配合，紧密协作。在飞播造林实施过程中，财政、计划等部门挤出资金；粮食、商业等部门提供紧缺物资；公安、电信、气象等部门派出专人深入山区现场，搞好服务；交通部门提供车辆；民航十六大队飞行员深入播区现场查看净空条件，有时冒着生命危险尽可能压标飞行；驻宛部队派出通信分队，携带电台，深入播区，确保了通信畅通；空军内乡机场动用了大量的设备，出动数千人次，保障了飞行顺利安全；济南军区空军运输团亲自执行飞行任务。40 年来，全市累计飞行 1 618 h、1 360 余架次。飞播造林取得的成功，是多部门通力协作、密切配合的结果，凝聚着无数人的心血和汗水。

三、立足规划引领，推动新技术应用

在飞播造林工作中，做到了“四个坚持”：一是坚持科学设计，选定播区。20 世纪 80 年代初期，以大播区设计为主，做到大播区与小播区设计相结合，市、县林业技术人员深入播区，逐块踏查，区划设计，提高了播区宜播率。1990 年以后，结合南阳境内地形复杂的特点，改变播区设计方式，多以小播为主，形成大连小不连的小播区群，既节约了投资，又提高了成效。特别是近年来，本着“小播区、大集中、强措施、建基地、抓成效”的工作思路，相继在淅川县、南召县择优选定相关乡镇为飞播造林区开展飞播造林，成效显著。二是坚持适地适树，优先选用乡土树种。在海拔 800 m 以下，以马尾松、侧柏为主；在海拔较高山区，以油松、漆树混播为主。三是坚持因时选好播期。根据南阳水热条件和多年飞播经验，选定以夏季 6—7 月作为最佳适播期，进行飞播。四是坚持推广应用新技术、新成果。南阳市认真贯彻落实国土绿化提速行动，加快森林河南建设的会议精神，加大使用无人机新技术，开展飞播造林，实施精准造林，探索开展大规模国土绿化行动的新途径。同时，运用黄连素、R-8、HL、多效复合剂等技术，做好种子处理，减少了鸟鼠危害，提高了飞播造林成效率。

四、加大管护力度，确保造林成效

飞播造林“一分造，九分管”，播后管护是飞播成败的关键。20 世纪 80 年代至 90 年代初，在管护上采取播后封山、划片管护，不定期在播区组织割藤、砍灌、修枝、林间空带补植等措施，收到良好效果。由于南阳市年降水量变数较大，干旱年份个别播区成效较差，成效面积内也有部分地段苗木密度达不到成林标准，飞播林往往成片状分布，多数互不衔接，较为分散，增加了管理难度。1992 年以来，采取“飞、封、造、管”相结合，建立飞播林基地，巩固飞播成果，全市划分四大飞播林基地，实施封山育林，在基地周边开展人工补植补造，达到“飞一个播区成一片林、飞几个播区连片成林”的良好效果。为加强管护工作，每年飞播结束，各飞播县区及时召开乡村干部会议，部署落实播区管护工作，签订管护责任状，把飞播管护任务与乡村干部当年报酬挂钩，同时，利用互联网、新闻媒体，广泛宣传，调动播区林农自觉护林爱林的积极性、主动性，有的群众自觉充当义务护林员。飞播林纳入“国家重点公益林”管理后，市、县对飞播管护更加重视，重点乡镇配备了 5~10 名专职护林员，由政府发放工资，各村也配备多名兼职护林员。据不完全统计，6 个飞播山区县，共配备专职护林员 6 960 多人，长年从事飞播林区管理工作，基本杜绝了毁林事件的发生，搞好播区森林防火和病虫害防护工作，保障了飞播林的健康生长。

第五节　经营管理

飞播造林结束后，首要任务是要加强对飞播区管护工作的领导，建立和健全管护制度和管护组织。飞播结束，管护上马，真正做到“一分造，九分管”。40 年来，南阳市针对飞播造林面积大、树种单纯、种子发芽困难的 3 大管护特点，重点抓住以下几个关键环节，促进飞播管护工作的全面发展。

一、坚持开展飞播成效调查

为及时掌握飞播造林出苗、成苗情况，从飞播造林初，南阳市每年都坚持开展了一次飞播出苗情况调查，即飞播造林结束后，于当年 10—11 月开展一次飞播出苗情况调查，摸清飞播区出苗基本情况，制定补救措施。同时，还在每年 12 月前后，在省飞播站的指导下，对 5 年前飞播造林的苗木保存情况进行全面调查，并在调查的基础上，制定相应管护措施，采取封山育林、配专职和兼职护林队伍等多种管护措施一起上，确保造林经营管护工作的全面落实。

二、认真抓好飞播幼林的补植工作

多年来，为全面提高荒山飞播造林质量，南阳市在抓好荒山飞播造林的同时，针对飞播林地的“天窗”“漏条”等问题，每年都采取人工播种和植苗相结合的办法，对飞播林地进行补植补播，收到较好效果。40 年来，南阳市累计完成人工点播补植面积 0.89 万 hm^2，通过对飞播林的人工补植补造，提高了飞播林分质量，巩固了飞播造林成果。

三、搞好飞播中幼林抚育间伐管理

1993 年，全市共抽调 100 多名工程技术人员，组成 50 余个外业调查组，对历年飞播造林开展了全面调查。在摸清家底的基础上，全市 6 个县均编制了飞播中幼林抚育间伐规划，1994 年开始在南召县马市坪乡黄土岭村等 10 个播区连续 4 年进行了飞播林间伐试点，全市共投入抚育间伐经费 20 余万元，完成抚育间伐 3.5 万多 hm^2，抚育间伐收入 17 多万元。通过抚育间伐，改善了林分结构和林地环境，促进了林分的正常生长，加快了飞播林后备资源培育步伐。

四、加强飞播林森林防火和病虫害防治

由于全省飞播造林树种比较单一，飞播林区火灾和病虫害容易发生。多年来，由于对飞播林区森林防火特别重视，南阳市还没有发生过森林火灾。目前全市飞播林区病虫害主要有油松草蛾、松梢螟、扁叶蜂等虫害。在病虫害防治方面，主要采取两个方面措施：一是在现有针叶纯林中，补植补种阔叶树种，改变林分结构，提高抗病能力；二是加强对现有发病林分的药物防治，控制发病面积。着重采取"预防为主，积极消灭"的方针，实行生物防治、化学防治相结合的办法，收到较好效果。

五、抓好飞播造林档案建设

南阳市在开展飞播造林的同时，注重飞播造林的档案工作，以市、县林业局为单位，持续多年按照播区建立飞播造林技术档案，档案内容包括：飞播造林计划申请、批复，飞播造林管理办法等方面的文件；飞播造林出苗调查、保存调查、检查验收报告等技术材料；飞播林区区划，林班、小班资料卡等方面材料；飞播林标准地调查，林木生长情况等材料。通过这些飞播资源档案建设，为飞播林分经营管理、抚育间伐、森林资源变化和指导生产等提供了科学依据。

第六节　问题与对策

一、主要问题

随着飞播工作的不断深入，造林面积逐年增加，飞播幼林先后进入抚育管理阶段，一些问题逐渐暴露了出来：一是随着适宜飞播的造林地越来越少，播区选择较为困难；二是播区经过多年封育，植被盖度大，造成出苗率低；三是飞播林森林火灾、病虫害防治任务重，形成的飞播幼林火险等级高且易遭病虫害，"两防"任务十分繁重。

二、发展对策

(1)加强人工补植，提高飞播林分质量。从全市飞播资源清查情况看，飞播幼林地中，仍有"天窗""漏条"，对这一部分飞播林地，采取人工补植和封山育林相结合的措施，双管齐下，提高飞播林分质量。

(2)加快飞播林中幼林抚育间伐步伐，培植飞播后备森林资源。

(3)实现重点转移，提高飞播林经营管理水平。经过40年的飞播造林，飞播造林的重点转移到飞播林经营管护上来，我们将认真总结经验，不断提高管理水平，让飞播林成效得到更好的发挥，加快推进“生态大市、森林南阳”建设进程，为林业生态省建设做出应有的贡献。

回首40年，南阳飞播造林成绩喜人。春华秋实，昔日的荒山秃岭如今已焕发出生机，披上了新绿，一道道绿色长城在机翼下延伸。40年如一日的持续飞播造林为国家培育了后备森林资源，同时也给广大山区群众发展经济，尽快脱贫致富注入了活力和动力。展望未来，南阳飞播造林任重道远，飞播林的经营管理任务还很重。我们将认真总结经验，提高管理水平，咬定青山不放松，一棒接着一棒传，让飞播林成效得到更好的发挥，利用飞播造林精准实现造林困难地尽快复绿，尽早实现“无山不绿，万壑鸟鸣”，实现人与自然和谐，使绿色成为南阳大地最动人的底色。保护好南水北调中线源头生态环境，推进“生态大市、森林南阳”建设进程，为森林河南建设、美丽河南建设做出新的更大贡献。

第二章　飞播造林四十载 换得伊洛山川绿(洛阳)

洛阳市位于河南省西部,辖 8 县 1 市 9 区,总面积 15 229.8 km^2。境内地形西南高、东北低,大体以伊、洛河的走向逐段以中山、低山、丘陵、河谷、平原等地貌扩延至全区,伏牛山、熊耳山、外方山、崤山、嵩山五大山系自西南向东北呈扇形分布。山区面积 9 046.5 km^2,占全市总面积的 59.4%;丘陵区面积 4 218.7 km^2,占全市总面积的 27.7%;河川平原区面积 1 964.6 km^2,占全市总面积的 12.9%。全市林业用地面积 7 921.7 km^2,占全市国土面积的 52.0%。活立木总蓄积 3 389.4 万 m^3,森林覆盖率 42.82%。年降水量 550~865 mm,7—9 月降水量占全年降水量的 50%~60%。年均气温 12~15 ℃,为暖温带山地大陆性季风气候。

第一节　发展历程

一、起步推广阶段

洛阳是河南省的主要林区,林业用地面积大,具有发展林业的有利条件。据史书记载,远古时代洛阳曾是一个森林繁茂、景色宜人的好地方。但是随着时代变迁,人口急速增长,大量毁林开荒,历史朝代更替,战乱频繁,森林遭到了严重破坏,水土流失、生态失调愈演愈烈，农业产量低而不稳，人民温饱得不到保障。新中国成立后，特别是党的十一届三中全会后，植树造林成为林业部门的首要任务。为了加快造林步伐，探索荒山绿化的新途径，洛阳市学习和总结了陕西、四川、河北等省飞播造林经验，结合本地实际，在1978年进行了人工模拟飞播造林试验，取得了良好效果。1979年，河南省在洛阳市栾川县进行了首次飞播造林，飞播油松0.67万 hm^2，由于设计合理、播期适时，效果显著。飞播造林的成功，增强了洛阳开展飞播造林的信心。在当时的省林业厅飞播造林队的指导下，全市大力开展飞播造林技术推广工作，成立了飞播造林指挥部，组建队伍，培训技术，做好协调，并与原南阳地区飞播指挥部联合印发飞播传单和倡议书，广造舆论，普及飞播知识。栾川县也以县人民政府名义发布了多期播区管理布告。广泛的宣传引起了各级领导的高度重视，广大群众的认识也得到了提高，各县要求飞播造林的积极性越来越高。

二、稳步发展阶段

飞播造林工作由点到面，稳步发展。据统计，从1979年到2019年，全市共在栾川、嵩县、汝阳、洛宁、宜阳、新安、伊川等7个县飞播25.5万 hm^2，宜播面积21.73万 hm^2，有效比85.2%。经过广大飞播工作者的辛勤努力，飞播造林这一低成本、高效益，并能深入边远山区作业的造林方式受到了各级领导和干部群众的认可与支持，步入了“讲究实效、稳步发展”的正常轨道。1982年“洛阳地区飞播造林技术研究与推广”项目获得省、地重大科技成果二等奖。

三、快速发展阶段

1996年将GPS卫星定位导航技术引入飞播造林，大大降低了人工地面导航的难度，提高了导航精度，节省了人力、物力和财力，将飞播造林引入了一个快速发展的空间。1998年“利用GPS卫星定位导航系统进行飞播造林试验与推广”项目获得省科学技术进步三等奖。1983年中央财政开始对河南省飞播造林试验进行经费补助，省财政也多次追加飞播资金，市属各县在1992年起按每公顷15元配套飞播资金，使飞播造林步伐进一步加快。在1996年的全国飞播造林40周年纪念大会上，栾川县被评为全国飞播造林先进县，洛阳市作为先进典型进行了发言；在1999年河南省飞播造林20周年纪念大会上，洛阳市林业局被评为先进单位。2010年，借助全省林业生态建设的春风，洛阳市林业局在播区管护和补植补造等方面对飞播造林给予补贴，更使全市的飞播造林事业如虎添翼。

四、飞播模式转换阶段

1979—2014年，洛阳市飞播造林一直采用“运五型”飞机实施作业，随着林业生态建设的快速发展，“运五型”飞机作业遇到了一些困难，主要是大面积、集中连片的飞播区不断减少，现有的播区立地条件较差，适宜“运五型”飞机的机场难以选定，飞播资金不足等矛盾日益突出。面对这些矛盾和挑战，急需进行机型的转换，2015年洛阳市根据省林业厅的安排和部署，首次将直升机引入飞播造林，并取得圆满成功。同时积极探索无人机精准飞播造林，2019年在汝阳县开展无人机飞播试点面积5 000亩，实现了全国无人机大规模飞播造林零的突破，目前各项技术在全国居于领先地位，开启了洛阳市无人机飞播造林的新篇章。

第二节 成绩和效益

一、加快了荒山绿化步伐

40年大规模的飞播造林,加快了洛阳荒山绿化进程。飞播树种主要有油松、侧柏、臭椿、刺槐、漆树、栾树、连翘、荆条、黄连木及少量美化树种等。1979—2019年先后在栾川、嵩县、洛宁、汝阳、新安、宜阳、伊川等县共飞播造林25.5万hm^2,宜播面积21.73万hm^2,有效比85.2%。尤其自2000年以后,借助天然林保护工程封山育林项目的实施,飞播成效显著提高,封育的主要树种和目的树种明显增多。截至2014年,全市直接成效面积7.33万hm^2,使全市的森林覆盖率提高了4.8%。早期的飞播林地已郁郁葱葱,近期的幼林幼苗生长良好,发挥了明显的生态、经济、社会效益。特别是在交通不便、造林难度大的深山地区,飞播造林发挥了攻坚的决定性作用,有效扩大了造林范围,使不少人工植苗造林难以绿化的地方,都先后披上了绿装,如栾川和嵩县南部的伏牛山地区,山大人稀,坡陡草密,长期采伐留下的大面积荒山,人工植苗造林难度很大,而飞播造林正好弥补了这一缺陷。如今的伏牛山地区,松涛阵阵,溪水潺潺,已成为人们向往的天然氧吧。

二、取得了良好的生态效益和社会效益

洛阳的飞播林区集中在伊、洛、汝河发源处,现已形成集中成片的生态防护林,在涵养水源、保持水土、改良土壤等方面发挥着显著的生态效益。生态环境的改善,保障了水利设施效能的发挥,旱涝保收粮田逐年扩大,促进了农业的高产稳产。飞播造林促进了生态多样性恢复和物种多样性恢复,以先锋树种为主直接改变森林被破坏后植被的逆向演替为顺向演替,使水文、气候、立地条件向良性方向发展,播前的一些耐旱、耐贫瘠、酸性指示植物,现已被耐阴、喜肥、喜湿的林下植被所替代。由于飞播林内植被的明显恢复,山上有了林,沟里有了水,招来了鸟,引来了兽,林中生物链也随之得到了恢复和平衡,保护了生物多样性。飞播区内山兔、野鸡、野猪、鸟类、蛇、蚂蚁等明显增多,狼、豹、鹿、果子狸、狐狸、锦鸡等保护动物日夜出没。飞播林净化空气的作用明显,不但可以有效地减缓温室效应,还可成为洛阳市乃至全省人民赖以生存的“绿肺”。

三、经济效益显著

据估算,全市飞播成林面积7.33万hm^2,依据历年来飞播成苗、成效调查结果分析,每公顷飞播林平均蓄积67.5 m^3,立木蓄积总量495万m^3,按照65%的出材率计算,可生产木材321.7万m^3,价值26.27亿元。35%的剩余物作薪材折164.5万m^3,价值5.26亿元。飞播造林显著的经济效益还体现在以下几个方面:

(1)与人工造林相比节省了造林资金。据估算,近年来洛阳市飞播造林直接投入平均每亩16元,相当于目前人工造林成本的1/25,可节省大量的造林成本。

(2)在偏远山区、人力难为区域效果显著。飞播造林具有速度快、效果好、不受地形

限制等优势，固定翼飞机在交通不便、人力难及的偏远山区为实现绿化做出了巨大贡献。

（3）在相对分散、面积较小的浅山丘陵区潜力巨大。近年来洛阳市飞播造林逐步由深山、远山地带转向了人为活动频繁、海拔在500 m左右区域。全省采用了直升机、无人机相结合灵活作业方式，大大提高了作业效率，降低了飞播成本，更完善地实现了零星小面积荒山的绿化。

第三节 特点与经验

一、各级领导高度重视

洛阳的飞播造林工作，始终是在各级主要领导同志的关心和支持下，从无到有、从小到大逐步发展起来的。多年来，市领导始终把飞播造林作为加快荒山绿化速度的一项有效措施来抓，经常督促和检查飞播工作，每年坚持到播区和机场调查了解飞播情况，帮助解决实际问题，协调各有关部门共同支持飞播造林。2009年，市林业局又在播区管护和补植补造等方面给予经费补助，进一步加大投资。在全市飞播成效最好的栾川县，各级领导对飞播工作十分关心，多次召开各级干部会议，广泛动员，全力支持。各播区有关乡、村领导既挂帅又出征，指挥在现场，与群众同甘共苦、风餐露宿，保证了飞播工作的顺利进行。国家林业局和河南省的领导对飞播造林工作更是关心。1985年9月，林业部在洛阳召开了飞播造林座谈会。1989年9月，副省长宋照肃到栾川县的陶湾、冷水、三川飞播区视察，对飞播造林加速全市荒山绿化做出的贡献给予了充分肯定，促进了洛阳飞播事业的发展。近年来，洛阳市委、市政府领导经常深入生产一线，帮助研究解决飞播造林工作中的困难和问题。在深入飞播区视察后，每年市财政拿出200万元，用于市级项目飞播造林，为洛阳市飞播造林事业的发展注入了活力。

二、加强领导，依靠群众

飞播造林工作是一项社会性强的系统工程。为了加强领导，充分发动和组织广大群众，搞好部门协调，洛阳市成立了飞播造林指挥部，由主管行政领导任指挥长，各飞播县、乡、村也都成立了相应机构，固定专人负责飞播造林，在市、县、乡、村四级形成了一个专业的飞播造林管理队伍，加强了对飞播造林工作的领导。飞播造林每一个环节都离不开广大群众的支持与配合，为了充分发动和组织广大群众，首先，洛阳市加强宣传，提高群众的认识。通过多种形式，向广大群众讲清飞播造林的意义和迫切性，讲清飞播造林与群众利益的关系，提高农民参加飞播造林的积极性和自觉性。其次，认真贯彻政策，消除群众顾虑，坚定群众信心。再次，组织乡、村干部以及群众参观典型，亲眼看看飞播区群众克服眼前困难而终于从中受益、脱贫致富的事实，提高认识，统一思想，从而调动了广大群众飞播造林的积极性。

三、多部门密切协作，相互支援

飞播造林工作是全民办林业的缩影。洛阳飞播造林取得的成绩，是与各级有关部门的紧密配合和倾力协作分不开的，这种协作不仅贯穿于飞播造林作业的整个过程，而且贯穿于40年飞播造林工作的全部历史。为了保证飞播造林质量和飞行安全，林业部门和民航、空军等飞行单位共同研究作业方案，地面与空中密切配合，气象、通信部门按时做好飞行天气预报，保证飞行通信联络始终畅通，公安部门认真负责，保卫好飞机、机场和地面安全。特别是前些年三门峡市卢氏县在机场使用、人员食宿、通信联络方面给予了无私的帮助。各个部门的密切协作、兄弟地市的相互配合，对善始善终地做好飞播造林工作起到了保证作用。

四、因地制宜、合理设计

播区作业设计合理与否，直接影响飞播成效的高低。飞播造林40年来，在省飞播站的指导下，洛阳市对播区条件、适宜播期、适宜树种、合理播种量、种子丸粒化、地面简易处理等方面进行了积极试验，在此基础上，按照播区必备的条件，深入播区乡村、山头地块，精心规划、设计，使各播区的设计质量都达到了省定要求。

五、飞、封、造、管相结合，保证飞播成效

一是认真搞好飞行作业。在搞好播区调查设计的基础上，动员各方面力量，抓住有利时机，积极配合飞行部门做好飞行作业，为取得好的飞播成效打下了坚实基础。

二是坚持封山，保护飞播成果。洛阳市坚持“以播促封，以封保播”的原则，实行播后封山。主要做法是播后坚持封山5年，结合当地具体情况再进行半封、轮封，直到成林。尤其在2000年以后，结合封山育林工程，飞播造林取得了很好的成效。

三是搞好补植补造，提高飞播成效。洛阳因降水量变化较大，飞播成效很不稳定，播区内有大量的无苗、少苗地段地块，播区之间互不连接，形不成规模，为管护工作带来一定难度。为此，大力开展补植补造，提高飞播成效，即在当年成苗调查的基础上，摸清苗木分布情况，根据不同情况采取不同措施，分别是：

(1)对失败的播区第二年进行重播。

(2)间苗移栽。对3年生苗木过于稠密地段，发动群众在春季或雨季疏苗移栽。

(3)及时补植。按适地适树原则，在阳坡无苗、少苗地段栽植刺槐、栎类、漆树等阔叶树种，或对封山后长起的阔叶幼苗通过抚育，促其生长，形成针阔混交林。

(4)点播或撒播油松、山桃、山杏等种子，人为加大播种密度，增加播区景观效果。

四是加强管护，巩固飞播造林成果。“播是基础，管是关键”“一分造，九分管”“种子落地，管护上马”，说明了管护工作在飞播造林中的重要性，围绕飞播林的管护，采取了以下措施：

(1)建立健全飞播机构，加强播区管理。

(2)落实山界林权，明确管护责任。

(3)管护措施得力，逐级签订封育合同，奖罚分明。

(4)合理解决护林人员报酬，稳定护林队伍。

(5)切实做好防火工作。

六、依靠科技，提高飞播成效

洛阳市从1979年开始飞播造林以来，配合省飞播站，紧密结合生产，先后开展了飞播造林树种选择、适宜播种量确定、油松大粒化试验、飞播林经营管理研究、多效复合剂试验及推广、GPS卫星定位导航技术在飞播造林中的应用推广、飞播种子丸粒化、无人机精准飞播造林技术等科研课题的研究，完善了飞播造林技术，指导与促进了全市飞播造林工作的顺利开展。

第四节　问题与对策

洛阳的飞播造林经过40年的发展，现已形成多处成片的飞播林基地，成为群众的“绿色银行”和县域经济的“绿色屏障”。但由于飞播经费有限，管理力度不够，致使存在的问题不能及时解决。

一是飞播林密度过大，中幼林抚育跟不上，影响林木生长，全市约有3.5万hm^2飞播林需要抚育间伐。

二是部分油松飞播林病虫害严重，如栾川、嵩县都发生过松扁叶蜂、中华松梢蚧、松树大小囊等虫害。

三是森林防火力度不够，虽然部分林区建有防火带、瞭望塔等防火设施，但多数飞播林区的防火设施缺乏。

四是近几年飞播区内有大量的无苗地块，播区之间互不连接，形不成规模。

鉴于以上存在的问题，对策如下：

一是要加大抚育间伐力度，增加抚育间伐经费。全市3.5万hm^2飞密林分按15年间伐完成，每年要900万元左右，如此庞大的数字必须各级政府都加大投资力度。

二是要在每年的飞播经费中增加病虫害防治项目。早期洛阳市的飞播林以油松纯林为主，尤其是大面积成片飞播林，一旦发生病虫害，后果严重。

三是要加快飞播林区的防火设施建设，对大规模飞播林区可以设专项防火经费。

四是要对今后一个时期的飞播树种进行调整，从历史成功经验来看，油松的成效最好，今后的飞播造林要向以油松、黄连木、臭椿等乡土树种为主的方向转变，营造针阔混交林。针对播区无苗地块，可以采取多种形式进行补植补造，如人工植苗、撒播等，结合封山育林加大飞播成效。

党的十八大明确提出了习近平生态文明思想，对林业建设提出了新的更高要求。但是洛阳市还有部分地区仍属于生态脆弱地区，水土流失严重，难以满足经济社会可持续发展的需要，生态建设任务依然十分繁重，必须进一步加强林业生态建设，加快造林绿化进程。实践证明，飞播造林是符合洛阳实际的重要造林绿化方式，为全市生态建设做出了重大贡献。今后，要继续采取有效措施，进一步加大飞播造林和播区抚育间伐力度，造管并举，充分展现飞播造林的成绩，为加快林业生态建设，构筑生态安全屏障，改善生态环境做出积极的贡献。

第三章　飞播四十载　绿色满崤函(三门峡)

三门峡市位于河南省西部,豫、晋、陕三省交界处,是1957年伴随着万里黄河第一坝——三门峡大坝的兴建而崛起的一座新兴工业城市,现辖2县2市2区和1个省级经济开发区、1个城乡一体化示范区,国土面积10 496 km^2,总人口230万人,大体呈"五山四陵一分川"的地貌特征。全市林业用地面积72.58万hm^2,有林地面积47.86万hm^2,活立木总蓄积量2 715.33万m^3,森林覆盖率48.05%,居全省第一位。先后荣获"国家森林城市""国家园林城市""中国大天鹅之乡""河南省绿化模范城市""河南省林业生态县建设先进市"等称号,被誉为"黄河明珠""天鹅之城"。

三门峡市属于生态环境重点治理区域,山地丘陵面积占总面积的91%,"五山四陵一分川"的地貌特征,决定了林业在国民经济建设中的重要地位。三门峡市是全省最早开展飞播造林试点、试验地区,也是全省飞播造林成效较好、资源较为集中的地区之一,早期的飞播林已郁闭成林,形成了大面积的飞播林基地,创造出了巨大的经济、生态效益和社会效益。

第一节　发展历程

一、飞播造林持续不断

20世纪60年代,在省林业厅的统一组织下,三门峡市开始在灵宝市进行首次飞播造林试验,由于种种原因,试验效果不理想。1978年,省林业厅在伏牛山区再次进行人工模拟飞播造林试验。1979年,在卢氏县建成了专为飞播造林使用的机场,在模拟试验的基础上,开始在卢氏县飞播造林。当年播期确定、播区设计、树种选择都科学合理,获得了良好的试验效果,当年出苗率达40%,为三门峡市和全省飞播造林的发展奠定了基础。1981年,三门峡市又将试验区域扩大到灵宝市和陕县(今陕州区),1982年,又增飞渑池县,均取得了良好的效果。从1979年到现在,三门峡市连续开展飞播造林40年,从未间断,飞播面积490余万亩,飞播造林为三门峡市的荒山绿化起到了不可替代的作用。

二、树种设计不断丰富

20世纪,三门峡市的飞播造林树种主要是油松,树种相对单一,成林后全部为纯林。2000年以来,飞播树种逐步丰富,先是增加了侧柏,形成油松侧柏混交林;后又增加臭椿、苦楝、刺槐、黄连木等阔叶树种,形成了常绿与落叶搭配、针叶与阔叶混交的健康林区。随着人们对环境要求的不断提高,近年来三门峡市又增加了适宜的野花草本种子和连翘等观花灌木种子,实现了由单一树种向针阔多树种混交、单纯的造林绿化向绿化美化相结合的转变。

三、飞行方式与时俱进

20世纪80年代以来,三门峡市卢氏机场以"运五型"固定翼飞机进行播种,为三门峡、洛阳等地提供飞播服务,但由于航程远、时间长,受地形、天气等因素影响较大。2015年,省林业厅在三门峡市渑池县运用小型直升机进行飞播作业试点,并取得良好效果。运用小型直升机和GPS(全球定位系统)导航,可以详细、精确地计算出播区位置和经纬度,航程短、准确度高,机场选择更加灵活,成本更低,解决了区域性的、破碎的、小面积的播区播种问题,大大提高了飞播造林效果。2019年,省林业厅在三门峡市黄河边黄土陡坡地开展无人机播种试验,无人机更加机动灵活,不需要固定的机场和跑道,对临时起降场地技术要求不严,可按预先设计的轨迹飞行作业,飞播造林更加精准,解决了三门峡市分散的小播区群的播种问题,加快了三门峡市造林绿化步伐。

第二节　取得成效

飞播造林作为三门峡市造林的三大方式之一,以其独有的速度快、省劳力、投入少、成本低、不受地形限制等特点和优势,已成为荒山绿化的主要措施,在三门峡市荒山造林绿化进程中发挥了重要作用。

一、生态环境明显改善

实施飞播造林以来,三门峡市飞播造林作业面积约33万hm^2(含重播),设计播区120多个,涉及全市25个乡(镇)。经成效调查,目前已成林7万hm^2左右,播后20年,油松平均树高达到2.6 m,平均胸径6 cm,优势树高达3.5 m,胸径达10 cm以上;播后30年,平均树高达到4.6 m,平均胸径7.8 cm,优势树高达8.3 m,胸径达11.4 cm,平均郁闭度达到0.4以上,最早期的油松林胸径已达12 cm以上。飞播造林形成的林区,在涵养水源、调节气候、改良土壤、发展副业等方面,发挥了显著的生态效益和经济效益,昔日荒山如今郁郁葱葱，生态环境明显改善，蕴藏的经济能量逐渐显现。

二、飞播林基地逐步规模化

三门峡市飞播造林重视基地建设，播区设计集中，目前全市已形成卢氏县熊耳山北坡、峭山、洛河上游、老鹳河流域等飞播林基地，灵宝市朱阳镇美山、将军岭飞播林基地，苏村田川飞播林基地及以焦村镇、阳平镇、豫灵镇为主的秦岭脉线飞播林基地，渑池县仁村林场、红花窝飞播林基地，陕州区张汴乡草庙、店子乡小方山飞播林基地等相对集中连片的飞播林基地20余处。特别是卢氏县木桐乡五里山播区、潘河乡张家山播区、文峪乡煤沟播区，灵宝市焦村镇娘娘山播区、朱阳石板沟播区、苏村田川播区全部郁闭成林，飞播成效显著。

三、积极探索运用新技术

三门峡市积极创新理念，探索使用飞播造林新技术。从飞播造林树种变化、飞行模式转变等发展历程来看，均在全省首批试点、试验之列。同时还积极探索应用抗旱保水剂拌种、ABT生根粉、飞播种子丸粒化处理等，有效解决土壤干旱、种子发芽难及高温干旱威胁的问题；推广应用“多效复合剂”、鸟鼠趋避剂等产品，解决鸟鼠兽害降低出苗率的问题；推广应用GPS卫星导航技术、无人机精准飞播造林技术，减少播区测设、人工导航等程序，极大节省了人力、物力和财力。

第三节 主要措施

三门峡市在长期的飞播造林工作中，领导有方，措施得力，积累了丰富的工作经验，成为林业建设的宝贵财富。

一是领导重视，明确责任。各级党委、政府高度重视飞播造林工作，每年都把飞播造林列入财政预算，足额配套资金。并专门成立飞播造林工作组，主要领导亲自动员部署，坐镇指挥。现场指导、机场作业、播区服务等统一协调、统筹安排，形成了系统的管理和运作模式，保证了飞播工作的顺利进行。

二是扩大宣传，提高认识。利用电视、广播、标语、宣传车等各种形式，采取走林区、进学校、到街道等有效方式，在全市范围内广泛宣传飞播造林的重要性、优越性、科学性和紧迫性，使各级领导和广大干群充分了解飞播造林知识和作用，进一步提高认识，积极承担自己应尽的责任和义务，全力支持和投身飞播造林事业。

三是制定措施，加强管护。飞播作业结束后，各级政府及时制定了管护制度，建立管护组织，签订管护责任状，印发护林公约，并实行封山育林，封育期3年以上。同时建立了飞播管护体系，确定管护人员，形成管护队伍，种子落地，管护上马，按照3 000~5 000亩配备一名专职护林员，1 000亩以上配一名兼职护林员，开展播区禁牧、防火、森林病虫害观测等管护工作，力求使飞播造林早见成效。

四是抚育管理，稳固成效。在对飞播林进行割灌、间苗和定株的基础上，坚持林业经营的原则和要求，对飞播成效林进行探索性抚育管理。2015年在河南省林业调查规划院的大力支持下，采取间隔修枝、除劣留优、样地对比的方法，首先在卢氏县飞播林基地抚育间伐规模500亩,取得了良好的效果。近年来,继续在卢氏县和灵宝市开展飞播林抚育管理,效果显著。抚育后林分质量明显提升,同时剩余物的再利用增加了群众收益。

五是完善档案,规范管理。三门峡市高度重视飞播造林档案管理工作,做到与飞播造林工作进展的各个环节同步。对工作过程中直接形成的各种文字、图表、证卡、声像等资料实行集中统一管理,并保证档案工作所需要的人员、资金、设施和设备。在加强常规档案管理的同时,采用先进技术和手段,逐步实行档案的数字化和网络信息化。

第四节 存在问题及前景展望

三门峡市的飞播造林工作虽然取得了一定成绩,但也存在一些不足,主要表现为:

一是树种结构相对单一。早期的飞播树种以油松为主,成林后大部分为纯林;近年来飞播树种侧重于黄连木、臭椿、刺槐、栾树等乡土树种,油松、侧柏等针叶树种所占比重偏小,连续几个年份针叶树种所占比例较小,达不到多样性混交绿化的效果。

二是缺乏完善的管理体系。机构改革后,基层林业技术人员逐渐减少,且流动性大,很不稳定,不利于飞播造林工作的开展。由于技术人员的缺乏,飞播造林动态检测工作难以连续开展。

三是播区管护跟不上。随着飞播造林逐渐成林,播区林木密度过大,林木个体生长竞争激烈,林内卫生状况极差,目前的抚育措施及力度难以满足工作需要。

建议如下:

一是合理搭配飞播树种。在飞播树种选择上,科学搭配油松、侧柏等针叶树种,刺槐、臭椿等乡土树种,连翘、黄栌、火炬等彩叶景观树种,做到因地制宜,适地适树适播,突出飞播造林绿化美化的效果。

二是多种造林模式相结合。播区确定后,根据播区具体情况采取飞播造林与人工点播相结合,在人工造林保存不理想的区域采取飞播造林与人工植苗补植补造相结合,让荒山尽快绿起来。

三是加大复播力度。飞机播种造林相对人工植苗造林在成林方面有较大的限制因素,建议根据出苗调查情况,对出苗不理想的播区开展连续飞播作业,充分发挥飞播造林的优势,提升飞播质量。

四是重视播区管护。飞播造林成效能否巩固,后期管护特别重要。建议列支飞播管护经费,加强对新播区幼苗的管理,加大播区抚育间伐力度,提升飞播林林分质量。

根据《森林河南生态建设规划》,三门峡市还有近40万亩(2.67万hm^2)交通不便、人员难以到达、立地条件较差的远山地带需要飞机播种造林,飞播造林空间广阔;早年的飞播林密度过大,且多为油松纯林,森林火灾和病虫害隐患大,急需抚育管理,飞播造林任重道远。下一步将深入贯彻落实习近平总书记视察河南时的重要讲话和省委十届十次全会精神,在省林业局的大力支持下和省飞播站的精心指导下,采用直升机和无人机进行精准飞播造林,动员全市林业系统干部职工不断凝聚起强大正能量,持续推进国土绿化提速行动,努力在黄河流域生态保护和高质量发展上担当作为,为谱写新时代中原更加出彩新篇章贡献来自三门峡林业的力量!

第四章 绿染太行 构筑新乡北部生态屏障（新乡）

从1979年到2018年的40年间，新乡市飞播造林面积约11万 hm^2，成效面积2.8万 hm^2，早期的飞播林已郁闭成林，形成了大面积的飞播林基地，开始发挥森林的多种效益。飞播造林也以其独有的优势和功效，在新乡市山区造林绿化中发挥了重要作用。

第一节 基本概况

新乡地处河南省北部，位于东经113°23′~114°59′，北纬34°53′~35°50′。北依太行，南临黄河，与省会郑州隔河相望，辖12个县（市、区）、1个城乡一体化示范区、2个国家级开发区，总面积8 249 km^2，总人口617万人。山区1 524 km^2，占18.5%；平原6 725 km^2，占81.5%。新乡属暖温带大陆性季风气候，四季分明，降雨集中。春季干旱多风，夏季炎热多雨，秋季秋高气爽，冬季寒冷少雨雪。年平均气温14 ℃。年降水量573.4 mm，多在7—8月。土壤以褐土、潮土等为主。属黄河、海河两大水系。其中黄河水系流域面积4 184 km^2，占全市面积的51.2%，主要支流有天然文岩渠和金堤河等；海河水系流域面积3 985 km^2，占全市面积的48.8%，主要支流有卫河等。新乡市野生动植物资源较为丰富。野生动物有480余种，水獭、猕猴和山豹为国家二级保护动物。鸟类85种，黑鹳、白尾海雕、斑嘴鹈鹕和丹顶鹤为国家一级保护动物，天鹅、金雕、秃鹫为国家二级保护动物。植物种类属温带类型，主要树种有79科193属476种，其中裸子植物有8科16属28种，被子植物有71科177属448种。

飞播造林区涉及辉县市、卫辉市和凤泉区3个市（区）的14个乡（镇）。总面积为1 242.6 km^2，占全市总面积的15.06%。播区位于太行山南坡，由于断层影响，山势陡峻，多峭壁和深切的沟谷，海拔在1 500 m左右，山前有海拔300~400 m的丘陵；气候属暖温带大陆性季风气候，四季分明，降雨多集中在7—9月，年降水量500~600 mm，春季干旱多风，夏季炎热多雨，秋季秋高气爽，冬季寒冷少雨雪；山区土壤主要为褐土、棕壤土；植被主要有天然次生栎类林，侧柏、油松、栎类、刺槐、杨树等人工林，以胡枝子、虎榛子、连翘、绣线菊、马角刺、荆条、酸枣、黄刺梅、杜鹃等为主的灌木林和以白草、羊胡子草等组成的荒草坡。

第二节　发展历程

新乡飞播造林经历了试验与推广、大力发展、稳步推进、升级改造等阶段。

一、试验与推广阶段（1982—1983年）

20世纪60年代初期，在全国开展飞播造林试验的号召下，新乡市于1960年在水土流失比较严重的辉县太行山区进行飞播造林试验，但是由于缺乏经验，缺少关键技术，飞播试验失败。1982年，河南省在伏牛山试验成功后，推广到辉县、卫辉的太行山区进行飞播造林试验。通过科学规划设计、合理确定播期、采取适宜树种、提高作业技术、加强后期管护等一系列技术提高和措施强化，当年成苗率达到90%以上，试验一举获得成功并取得良好效果。

二、大力发展阶段（1984—1998年）

1984年后，飞播造林在新乡市太行山区进行全面实施，年均飞播作业面积5万亩（0.33万 hm^2），最高年份达到8万亩（0.53万 hm^2）。辉县薄壁、上八里、沙窑、三交口及卫辉拴马等乡（镇）的深山区已基本郁闭成林，并成为新乡市森林旅游和休闲度假胜地。

三、稳步推进阶段（1999—2017年）

经过前期的大力发展阶段，新乡市飞播造林逐渐转移至东部浅山丘陵区，多效复合剂包衣技术和阔叶树种飞播造林技术试验的成功，打破新乡市单一树种的局限性，促进了山区树种结构的调整，避免了森林病虫害的发生，加快了山区绿化步伐。

四、升级改造阶段（2018年至今）

2018年前新乡市均采用“运五型”飞机开展飞播造林，随着飞播造林的发展，集中连片和大面积的宜林荒山荒地已基本完成，仅剩人为活动频繁、自然条件差的浅山丘陵区及深山区的一些林中天窗需要实施。2018年新乡市首次采用欧直—小松鼠直升机进行飞播作业，直升机机动灵活，播种量准确，种子落地均匀，既省时又省力；2019年新乡市首次在辉县开展无人机飞播造林试验，无人机具有灵活机动、起降技术要求相对较低、播撒精准化等特点，将在加速新乡市困难地造林绿化进程中发挥重要作用。

第三节 基本经验

一、领导重视、强化宣传，保证飞播造林顺利实施

自新乡市实施飞播造林以来，市委、市政府高度重视飞播造林工作。一是加大投入，将飞播经费列入年度财政预算，确保飞播造林顺利实施；二是成立组织，由政府主管领导任组长，林业、财政、气象等有关部门参加的飞播造林指挥部，一手抓飞播造林，一手抓基地建设；三是军民共建，加强与新乡陆航机场沟通，争取支持，形成“军民共建、绿化太行”的统一行动；四是媒体宣传，通过电视、报纸等新闻媒体，加大飞播造林宣传力度，形成全社会关注、支持、参与飞播造林的舆论氛围。

二、科学规划、严格检查，确保飞播造林取得成效

飞播造林能否成功，播前准备和飞播作业是关键。一是搞好科学规划。组织工程技术人员对播区全面踏查，根据播区自然条件，搞好作业设计，并坚持因地制宜、适地适树。二是选择合理播期。按照省、市气象资料，选择合理、适宜的播种时间，做到播前有墒，播后有持续阴雨天气，确保飞播质量和成效。三是保障飞行作业。认真配合民航部门，搞好飞行作业，保证飞播质量和飞行安全。四是加强质量检查。组织专业技术人员对飞播种子进行全面监督、检查，确保种子质量，提高飞播成苗率。

三、依靠科技、深入探索，提高飞播造林科技含量

新乡市自开展飞播造林以来，始终重视新技术的推广。特别是近年来，GPS 自动导航定位系统的应用，提高了飞播造林作业精准度；驱避剂、生根粉、保水剂等包衣技术的应用，提高了飞播造林种子的保存率和出苗率；飞播多树种试验，改变了飞播由原来单一树种向多树种发展；并积极配合省飞播站针对飞播造林中的难点和薄弱环节开展调查研究，如飞播树种选择、膜化和丸粒化处理、播前地面处理、无人机飞播应用、春播秋播试验等技术试验研究，寻找影响飞播成效的制约因素，不断提高飞播造林的科技含量。

四、建立基地、改善环境，发挥飞播林综合生态效益

据成效调查，目前新乡市飞播造林成效面积已达 2.8 万余 hm^2，辉县东部山区森林覆盖率由 20 世纪 80 年代初期的 32%提升到 53%，西部山区森林覆盖率由开始的 18%提高到现在的 42%；卫辉原东拴马乡的森林覆盖率由 1984 年的 4.3%提高到了目前的 43.6%。建成了不同类型的飞播林基地 2.8 万 hm^2。一是以油松、侧柏为主的针叶树种的飞播林基地；二是以侧柏、臭椿、黄连木、盐肤木等为主的针阔混交飞播林基地。据辉县调查，针叶林基地林木平均胸径已达 8~18 cm，每亩株数为 100~330 株，现已陆续开始实施抚育间伐；针阔叶林基地林木平均胸径已达 2~8 cm，每亩株数为 150~260 株。飞播林

基地建设，不仅推动了基地与乡、村林场建设相结合，实现“基地办林场，林场管基地”的目的，还巩固和提高了新乡市飞播造林成效，增加了山区森林植被，加快了山区绿化步伐。

通过实施飞播造林，新乡市山区环境明显改善，不但具有直接经济效益，而且在调节气候、涵养水源、保持水土、改良土壤等方面具有显著的生态效益，还能产生巨大的社会效益。据测算，新乡市 2.8 万 hm^2 飞播林每年综合效益达 85.35 亿元。郁闭成林的飞播林使新乡市山区的旅游业得到蓬勃发展，吸引了众多的游客前来观光旅游，如辉县市的万仙山、八里沟、齐王寨、天界山、宝泉等，卫辉的跑马岭、龙卧岩、皮定军指挥部(柳树岭)等。如璀璨的绿色明珠镶嵌在太行山中，吸引了众多的游客前来观光旅游，极大地带动了当地经济和社会的发展。据统计，年接待游客 800 万人次，年社会综合效益达 30 亿元。

五、加强管护、落实责任，巩固飞播造林成效

飞播造林是基础，后期管护是关键。一是建立健全管护组织，落实护林责任。县、乡、村三级层层签订飞播造林责任目标，将管护责任落实到人，全力解决好护林人员的工资报酬，确保“种子落地，管护上马”。二是坚持以法治林，保护森林资源。严禁在播区割草、放牧和垦荒，严厉打击破坏森林资源的违法犯罪活动，保护和巩固飞播造林成果。三是采取“飞、封、造”相结合，提高绿化成效。对天然次生林较多、植被较好的区域，大力推广“播封结合、以播促封”成功经验，注重提高生态系统的自我修复能力。对立地条件差、植被破坏严重的浅山丘陵区，采取补植补造，重点治理，切实增加山区森林植被。

第四节　存在问题

随着飞播造林工作不断深入，造林面积不断增加，飞播林急需加强经营和管理，一些问题逐步显现。一是飞播林经营管理相对滞后。部分已郁闭的林分密度过大，出现个别林木生长衰弱、死亡等现象；山区放牧对幼苗、幼树造成致命威胁，其所过之处幼苗死的死，伤的伤，即便剩一少部分，也多长成“小老树”；冬春季森林火灾频发严重制约着林业的发展，尤其是飞播林，除人为因素外，由于林分密度过大，枯枝落叶层厚，常会引起森林火灾发生；针叶纯林极易发生森林病虫害。二是飞播资金相对短缺。受种子价格、飞行费用上涨等影响，加之需要种子处理，人工费提高，飞播造林经费远远不能满足实际需要；现在适宜播区多为困难地，要提高飞播成效，需要在地面进行破土、扩穴等处理，增加了飞播造林的投入成本；由于没有后期经营管理经费，难以及时进行飞播林的补植补造和抚育管理。

第五节　发展对策

新乡市飞播造林工作经过 40 年的努力，取得了丰富经验和可喜成绩，赢得了各级领导的高度赞誉。飞播造林也以一种成功的造林方式，为山区绿化发挥出愈来愈重要的作用。今后我们将进一步加大飞播造林工作力度，加强飞播林的管护，使新乡市林业生态建设又好又快发展。

一、正确认识飞播造林工作

飞播造林是一项全社会受益的公益事业，要充分认识40年来所取得的成绩，了解飞播造林的优势和重要作用，进一步提高认识，采取不同形式加强宣传，承担起应尽的责任和义务，全力支持和做好这项有益的事业。新乡市将进一步加大资金投入力度，按照《森林河南生态建设规划》和《森林新乡生态建设规划》的总体要求，努力改善和提升新乡市山区生态环境建设水平。

二、强化飞播造林经营管理

牢固树立“一分造，九分管”的思想，大力推广“播封结合，以播促封，以封保播”的成功经验，强化管护责任，落实管护经费，健全管护制度。强力推进飞播林经营管理，明确“谁山、谁造、谁管、谁收益”，落实责任和措施，确保飞播成效，提高飞播林的生态效益和经济效益。

三、提升飞播造林科技水平

飞播造林是一项技术性很强的工作，必须把科技贯穿于飞播全过程。针对薄弱环节，一方面要加强播区树种、播期选择、种子包衣、地类的扩大、低效林改造等技术的研究，新乡市尚有2万多 hm^2 灌木林需要改造，将进一步转变工作思路，积极研究和探索，拓宽飞播造林区域；另一方面要加强专业技术人员的研究和培训力度，不断提高飞播造林的技术含量，提高飞播成效。

四、加大资金争取和落实力度

一是积极争取和落实省、市、县三级飞播资金，确保飞播造林顺利实施。二是根据季节气候因地制宜地合理安排飞播时间，及时掌握播区中长期气象预报，并积极协调飞行等相关部门，确保在雨季顺利完成飞播造林任务，保证播后出苗率，降低飞播成本。三是加大政府财政投入，把飞播林的经营管理纳入年度财政计划，并给予一定的补助，确保飞播林的经营管理顺利实施。

飞播造林是我国生态建设的一项重要措施，我们要充分发挥飞播造林的优势，进一步推动飞播造林事业发展，为加快新乡市荒山绿化进程，构筑新乡市北部绿色生态安全屏障，推进森林新乡生态建设做出更加积极的贡献。

第五章　林木种子天上来 绿染山川百万亩(安阳)

飞播造林作为安阳市重要的造林方式之一,有省时、省工、成本低、见效快等优势。安阳市高度重视,认真规划,扎实推进,飞播造林取得显著成效,为改善城乡环境、提高民生福祉起到了重要的作用。

第一节　基本概况

安阳市位于河南省最北部,地处晋、冀、豫三省交会处,位于北纬35°12′~36°12′,东经113°38′~114°59′。南距省会郑州市170 km,与鹤壁市、新乡市相连,北濒漳河与河北省邯郸市毗邻,东与濮阳市接壤,西隔太行山与山西省长治市交界。南北最大纵距128 km,东西最大横距122 km。国土总面积7 413 km^2,耕地总面积41.24万hm^2。

飞播造林区位于安阳市西部,涉及林州市全境、殷都区西部山区、龙安区西部山区,总面积28.62万hm^2。其中山地面积24.53万hm^2。该区山峦连绵起伏,沟谷纵横分割,西部山岭陡峭,东部丘陵连绵,西高东低,由西向东呈阶梯状分布,最高海拔1 632 m,最低海拔97 m。

总的气候特征是:春季干旱多风,夏季炎热多雨,秋季温凉干燥,冬季寒冷少雪,四季分明。

水资源缺乏,供需矛盾非常突出。区内有漳河、洹河、淅河、淇河等4条主要河流,均属海河流域的卫河水系。为解决人畜吃水和保证工农业生产用水,区内先后修建了红旗渠、跃进渠、万金渠等灌区和一大批水库。

该区属暖温带落叶阔叶林带,原始植被遭破坏,是河南省造林条件最为艰巨的地区之一,属典型的干旱石质地区。改革开放以来,该区人民发扬艰苦创业的红旗渠精神,咬定荒山不放松,持之以恒抓绿化,林业生态建设取得了显著成绩。该区森林覆盖率较低,涵养水源能力较差,水土流失严重,旱涝灾害频繁发生,生态环境非常脆弱。据统计,全区水土流失面积8.23万 hm^2;春季、初夏干旱年年发生,河溪断流,库塘干涸,人畜吃水困难;雨季又因降水集中,易暴发山洪。脆弱的生态环境严重影响和制约着该区经济社会的可持续发展。

该区多为基岩裸露的石质山地,植被覆盖率低,降水量少,蒸发量大,土壤瘠薄,植被恢复困难,林木生长缓慢,生态环境极为脆弱,是全省治理难度最大、任务最艰巨的地区。

第二节　发展历程

安阳市飞播区山多坡广,林业用地面积大,具有发展林业的有利条件。

一、试验推广阶段(1982—1984年)

1982年开始在林县(现林州市)进行油松撒播试验,为飞机播种做准备。1983年飞机播种造林试验0.15万 hm^2,试验播种区为轿顶山播区和红土甲播区。1984年在原安阳县都里乡阳城播区进行过飞播造林,由于树种选择不当(油松适生于海拔600 m以上的山地和个别海拔600 m以下的阴坡),当时主播树种为油松,且播后持续无雨,导致飞播效果不佳。1984年开始大规模进行飞机播种造林。

二、稳步发展阶段(1985—2007年)

2001年,首次进行黄连木飞机播种试验取得成功,试播面积0.28万 hm^2。从1985年到2007年,在中央财政和省财政的支持下,安阳市对大面积宜林荒山荒地开展飞播造林,每年飞播面积在0.15万 hm^2 左右,西部荒山荒地飞播成效良好,生态环境得到显著改善。

三、巩固提升阶段(2008年至今)

2008年以来,安阳市认真贯彻落实习近平总书记"绿水青山就是金山银山"的发展理念,按照省委、省政府林业生态省建设、国土绿化提速行动的要求,加强科技创新,科学选址,高标准设计,优化乡土树种选择,充分运用飞播造林,逐步解决安阳市深山区困难地造林。

截至2019年,安阳市累计飞播超60个播区,主要分布在西部和南北两端的深山区,涉及原康、临淇、五龙、任村、合涧、东岗、姚村、茶店、城郊、石板岩、东姚、横水等乡(镇),

总飞播面积 6.78 万 hm^2。随着荒山绿化进程的加快，一些立地条件较好、离村较近的造林地已先后通过人工造林得到绿化，剩余的多是山高地远、人口稀少、造林难度大的偏远山地，人工造林难度很大，广大干部、群众要求飞播造林意愿迫切。

第三节　成绩和效益

一、荒山绿化成效显著

1983—2019 年，安阳市共飞播造林 6.78 万 hm^2。经成效核查，有效面积 5.83 万 hm^2，占飞播总面积的 86%；成效面积 2.3 万 hm^2，占有效面积的 39.5%，使全市的森林覆盖率提高了 8%。

飞播造林是利用飞机对大面积宜林荒山进行绿化，天然飞籽成林具有速度快、效率高、省劳力、质量好的优势，在荒山面积大的地域，飞播造林的效果十分突出。每亩造林成本不足人工造林成本的 1/18，且撒播的均匀程度人工无法比拟。林州市飞播最早的轿顶山、红土甲两个播区，就是飞播造林的典型。飞播面积 1 461 hm^2，其中宜播面积1 149 hm^2，现已成林 639 hm^2，1983 年的油松林树高已达 6 m，最大胸径 35 cm。播区内郁郁葱葱的油松林，是大面积绿化荒山的样板，荒山绿化成效显著。

二、生态环境明显改善

安阳市的飞播林区集中在漳河、淅河、淇河、洹河和大中型水库周围，现已形成集中成片、大面积的飞播林基地，在涵养水源、保持水土、改良土壤等方面发挥着显著的生态效益。林州市临淇镇峰峪村过去雨季经常暴发山洪和发生山体滑坡，冲毁房屋和农田，人畜伤亡时有发生。飞播造林成林后，灾害不再发生，有效地保护了公路和农田。生态环境的改善，保障了水利设施效能的发挥，旱涝保收良田逐年增多，促进了农业的高产稳产。通过飞播造林，恢复和改善安阳市生态脆弱地区的森林植被，提升森林生态系统，促进森林生态系统的水源涵养、水土保持、生物多样性保护等生态功能逐步修复。飞播区内还逐步建立起了良性演替的稳定生态系统，植物种类增加了数十种，山兔、野鸡、野猪等野生动物在飞播区内不断繁衍生息，如今的太行山区满目葱绿，生态体系得到极大恢复和改善。

三、森林效益有效发挥

利用飞播林区特有的景观成立的太行大峡谷景区，五龙洞国家森林公园，白泉省级森林公园，水河、柏尖山市级森林公园，促进了林区群众的脱贫致富，促进了资源、环境、经济与社会的协调发展，为安阳市经济发展起到了明显的推动作用。

第四节　特点与经验

一、领导重视，高位推动

领导重视是飞播造林工作的根本保证。安阳市委、市政府高度重视飞播造林工作，多次专题听取飞播造林开展情况报告，切实解决飞播造林环节中存在的问题。为确保飞播造林工作的顺利开展，每年施工作业前，市政府成立了以分管副市长任总指挥的飞播造林指挥部，统一领导、指挥、协调全市飞播造林工作，现场指挥、机场作业、后勤保障等，统一协调、统筹安排，使飞播任务能够安全顺利完成。

二、科学规划，提高成效

科学规划是飞播成功的关键。安阳市飞播造林规划，与省、市重点林业生态建设项目相结合，整体推进，按照因地制宜、适地适树的原则，以油松、侧柏等针叶树种为主，黄连木、臭椿、黄栌等为辅助树种，兼顾景观的原则，科学规划，合理布局。为把飞播造林工作做好、做实、做细，各级林业部门深入现地，详细踏查调查，调查适合飞播的地块，为每年的飞播规划提供详细依据。

三、加强管护，开展补植

播后管护是飞播成林的基础。飞播施工作业后，对播区封育 5~7 年，封山期内严禁毁林放牧。同时，利用广播、电视、发放宣传资料、刷写固定宣传标语等形式，大力宣传飞播成就和管护的重要性，提高公众管护意识。对成苗较差的播区进行人工补植，是促使播区全面成林的重要手段，在成苗调查后，及时开展播区补植，促使播区全面成林，提高了飞播成效。

四、技术创新，科技助飞

科技创新是提高飞播成效的重要措施。安阳市积极开展试验研究、推广应用先进技术，在播种施工中，全面采用 GPS 导航，避免了人工导航各个环节的人为误差，设计更方便、快捷，飞行更准确，播种更均匀，节省了大量的人力物力。在种子处理上采用鸟鼠驱避剂拌种，减少鸟鼠对种子的耗损，延长了种子的保存期，提高了出苗率。

第五节　存在问题与对策

一、存在问题

（一）抚育间伐任务重

安阳市大部分飞播林区已经郁闭或即将郁闭成林，森林质量偏低，如不及时抚育间伐，将严重影响树木的生长。但是由于间伐出材量较低，用途不大，价格偏低，而进场道路、作业施工条件差，用工较多，成本偏高，群众积极性低，缺少财政资金支持，抚育间伐工作并未全面开展。

（二）管护资金不足

安阳市早期的飞播林，多为油松纯林，分布在偏远山区，人口稀少，交通不便，留守人员多为老弱病残，管护不到位，扑火、防虫人员工资无法保证，且地方财政不足，给管护工作带来了严重的困难。

二、解决对策

针对以上问题，安阳市将积极争取项目资金，组织专业的防虫、防火队伍，对重点林区重点保护，确保飞播造林成果。对于需要抚育间伐的乡村，积极安排林业抚育工程，并与木材加工企业合作，利用播区资源，适时抚育间伐，解决销路问题，使飞播林能够茁壮成长。积极争取国家储备林项目，利用国家储备林项目优惠金融政策，开展飞播林森林抚育。

通过30多年飞播造林，昔日安阳西部光山秃岭已披上绿衣，荒凉已不再，处处郁郁葱葱，这与省林业局的支持是分不开的。下一步，安阳市将继续加强飞播造林工作。在市委、市政府的正确领导下，在省林业局的大力支持、指导下，安阳市将结合森林河南大力植树造林的契机，以乡村振兴为重要抓手，以改善生态环境为己任，以增强民生福祉为目标，真抓实干，锐意进取，为建设绿色安阳、生态安阳、美丽安阳而努力，为建设森林河南、美丽河南做出新的更大贡献。

第六章　银燕播下万顷绿
喜看荒山披碧衣(鹤壁)

飞播造林具有速度快、省劳力、投入少、成本低、不受地形限制等优势,能深入交通不便的偏远山区,在短期内恢复植被,遏制水土流失和土地荒漠化,在加速鹤壁市生态建设过程中具有不可替代的作用,飞播造林使鹤壁市山区生态环境明显改善。自 1984 年启动飞播造林项目以来,完成飞播造林 3.42 万 hm^2。

第一节　自然概况

一、地理位置

鹤壁市地处河南省西北部,位于太行山东麓,地理坐标为北纬 35°26′~36°02′和东经 113°59′~114°45′。总面积 2 182 km^2,西部是山区,中部为丘陵,分别占 20%和 30%,东部是平原,占 50%。

二、地形地貌

鹤壁市由山区、丘陵区及平原区组成,境内西部属于山区,中部属于丘陵区,东部属于平原区。整个地势西高东低,海拔在 80~600 m。山区多为石灰岩低山,山体浑圆,坡度

15°~46°。丘陵区多为土质,少部分为石质,坡度平缓。

三、气候

鹤壁市属暖温带大陆性半湿润季风气候,总的特点是:春季干旱多风,夏季炎热多雨,秋季温凉少雨,冬季寒冷少雪,四季分明。年日照时数 2 480.6 h,年均气温 14.2 ℃,极端最高气温 43.4 ℃,极端最低气温-15.5 ℃,≥10 ℃的平均积温 4 650 ℃,年均日照时数 2 374.9 h,无霜期 205 d,年均降水量 683.2 mm,多集中在 7—9 月 3 个月,平均 3 个月降水 448 mm,占年降水量的 65.6%。

四、土壤

土壤主要是褐土和潮土两大类。褐土广泛分布于西部低山、中部丘陵和山间盆地。潮土分布于东部平原区。成土母岩母质主要有奥陶纪石灰岩、深灰至黑色厚层状石灰岩和冲积母质。这些岩石风化慢、漏水性强,地表干旱,地下水贫乏,水土流失严重,土层较薄,质地较黏,厚度在 20~40 cm,在部分山地岩石裸露,土层很薄,且不成层次。冲积母质由黄河、海河冲积而来,土层较厚,质地多为沙土或壤土。项目区土壤主要种类是褐土,pH 值一般为 7.5~8.0,多为碳酸盐反应。

五、水文

境内主要河流有淇河、汤河、卫河、共产主义渠等 4 条,淇河、卫河全年有水,其余皆为季节性河流,均属海河流域。淇河发源于山西陵川,境内长 79 km。

六、植被

属暖温带落叶林地带,植被种类繁多。现有植被主要由黄连木、侧柏、刺槐等人工林,以及以黄荆条、胡枝子、黄栌、连翘、绣线菊、马角刺、酸枣等为主的灌木丛和以黄背草、白草、羊胡子草、芦草、蒿类等为主的地植被组成。

第二节　发展历程

鹤壁市自 1984 年实施飞播造林以来,共飞播造林 3.42 万 hm^2。经成效检查,有效面积 3.06 万 hm^2,占飞播总面积的 90%;成效面积 7 528 万 hm^2,占有效面积的 24.6%。鹤壁市飞播造林共分四个阶段:

第一阶段:1984—1988 年为飞机播种试验阶段,这一阶段累计完成飞播造林2 133.33 hm^2,其中 1984 年人工撒播 133.33 hm^2,1988 年飞播 2 000 hm^2。主要是探索适宜的飞播树种和最佳的飞播造林时间。主要特点是:成立飞播造林组织机构,分为机场指挥组、现场指挥组、机场作业组、后勤组,统一协调工作;采区“烟雾剂、红白旗”导航,以对讲机通信为主,飞行播种采取“单程式”“复程式”“串联式”等方式进行;结合工作广泛开展科技试验,丰富飞播造林技术,先后开展了飞播窄带试验,雪播试验,油松、侧柏、黄连木、麻栎等多树种试验。

第二阶段：1989—1994 年，大面积推广实施飞机播种和人工撒播造林阶段，面积 14 626 hm^2，其中飞机播种 10 644 hm^2，人工撒播造林 3 982 hm^2。

在飞播造林的同时，选择立地条件较好且飞机播种方式不适应的地方，采取了更有针对性的人工撒种作业。

人工撒播的特点是：规划设计更加细致合理，采取了更具有针对性的造林措施，并增加了容器苗补植补造。这一时期飞播造林的特点是以播区为单位组织生产，全面提高、巩固飞播造林成效，具体做法是：加强植被处理和粗放整地力度，采取"炼山""人工割灌""穴状整地"等措施，从而有效地提高了造林成效；采取专业队施工，并进行相关技术培训，技术人员现场监督，有效地确保了造林质量；采用机动喷雾器播种，有效降低了人工撒播效率低下、播种不均等不利因素的影响，使得人工撒播质量显著提高。

第三阶段：1995—2008 年，高新技术在飞播造林中运用阶段，飞播面积 5 402 hm^2。这一阶段，推广应用了鼠鸟驱避剂、种子催芽处理及 GPS 定位仪，提高了飞播的成效，减少了飞播造林的人工投入。采用 GPS 导航飞播造林可大大节省施工中的人力、物力，传统的人工导航人数是 GPS 导航人数的 6~9 倍，并能保证落种的准确度及均匀度，从而节省种子，能缩短播种作业时间，更有利于适时播种。这一时期飞播造林投资大幅度增加，为进一步规范造林、提高质量奠定了基础。这一阶段造林的特点是：规划设计更加细致，准备工作也更加充分，在规划设计过程中，除地类因子外，对造林地周边人畜情况、林地所有者情况以及造林后管护情况均进行了详细调查；进一步强化了工程的组织实施，专业队在人员、数量、技术掌握情况等方面较以前有了大幅度提高。工程的管理趋于正规化，分层、分类签订协议，从施工质量、安全、工期、效果等方面做出明确规定；技术措施更加系统、有效，采取了水平带状割灌，在割灌带上进行粗放整地的方法。根据雨情播种，播后覆土，柴草覆盖，出苗后及时揭除柴草。

第四阶段：2009 年至今，黄连木、臭椿等阔叶树种在飞播造林中运用阶段，飞播面积 12 015 hm^2。这一阶段，推广应用了保水剂、鸟鼠驱避剂和 ABT 生根粉等药剂膜化处理，继续应用 GPS 定位导航，引入直升机高效施工作业等，积极探索无人机精准飞播模式，缩短了施工作业时间，提高了飞播造林的质量和效益，大幅度降低了飞播成本；积极开展种子丸粒化处理技术研究，逐步解决低海拔、干旱的困难造林地面临的造林难题；通过设置不同海拔、坡向、坡位等因子的标准地，利用无人机精准播撒技术，研究探索灌木林地的更新改造，不断提高林地质量和效益。

第三节 建设成就

鹤壁市飞播造林经过试验、总结、研究、推广，不断得到提高和发展，取得了令人瞩目的成就。一是加快了山区绿化进程。截至 2019 年，全市累计完成飞播造林面积 3. 42 万 hm^2，有效面积 3. 06 万 hm^2，其中成效面积 7 528 万 hm^2，为山区森林面积和森林蓄积双增长做出了重要贡献。二是有效改善了重点地区生态状况。多年来，通过开展飞播造林，有效增长了生态脆弱地区的林木植被覆盖率，促进了这些地区生态状况逐步好转，使昔日的荒山秃岭变成了绿水青山，有效控制了水土流失，自然环境得到了有效改观。

第四节 做法和经验

这些成果的取得主要得益于以下几方面。

一、加强组织领导，健全管理体制

县区党委、政府把飞播造林摆上重要议事日程，成立了飞播造林指挥部，一手抓协调管理，一手抓飞播具体工作。县区政府与有关乡镇、乡镇与村层层签订飞播造林目标管理责任书，下发文件，明确责任范围。林业部门成立了规划设计组、质量检查组、后勤保障组和机场服务组4个工作小组，细化分工，明确责任，全力保障飞播造林工作的顺利开展。

二、因地制宜，科学搞好规划设计

组织技术人员对播区进行了实地外业勘察，按照“因地制宜、适地适树、宜飞则飞、宜封则封”的原则，合理布局，科学设计。根据播区立地类型确定播区，选择当地优良的适宜树种臭椿、黄楝、侧柏、油松等作为飞播种子，调整树种类型，增加林分结构，提高出苗成活率。

三、有关部门通力合作

多年来，林业、公安、气象、农业、水利、国土等部门密切配合，为鹤壁市飞播造林事业提供了有力保障。

四、推广使用科技成果

随着鹤壁市飞播造林的逐步开展，研究探索、推广应用了种子和地面植被处理、树种配置、飞播导航、飞播林经营、飞播种子膜化处理、应用直升机和无人机飞播配套技术等一批实用科技成果，有效提高了飞播造林成效。

五、有一支技术熟练、相对稳定的专业队伍

飞播造林明确专人负责，具体操作飞播造林的设计规划、施工、成效调查和飞播试验等工作。多年来，鹤壁市飞播造林队伍工作责任心强、综合技术水平高，而且人员结构合理、相对稳定。

六、有一个扎实的施工质量保证体系

从1990年飞播造林大面积实施以来，鹤壁市在工作中不断改进工作方法，提高工作效率，相继出台了飞播造林工程管理办法和质量管理办法，完善了飞播造林标准体系，并在生产中推行检查验收制度和技术监理制度。对制约飞播造林成效的地面处理、飞播种子质量和播后管护等关键环节进行联合检查，不符合质量要求的，及时纠正。在机场施工中派员跟班作业，进行技术指导和技术监理，严把施工质量关。

七、有一套完整的管护责任制

鹤壁市非常重视飞播后的管护工作。把管护制度的建立、管护责任的夯实、管护措施的落实当作重头戏来唱。所有播区一播就封,死封5年,严禁人畜进入播区,确保了飞播幼苗的正常生长。采取了“分片划段、固定专人、责任包干”“成立乡村林场,集中管理”“专业队管护”“村、组、群众管护”相结合的管护责任制,确保了飞播造林成效。

八、加大补植补造力度

飞播造林是机械化作业,受风力、风向等自然因素影响,重播、漏播现象时有发生,再加上立地条件的差别,导致飞播苗木分布不均、密度不均。为此,鹤壁市适时开展了补植补造工作,结合树种分布情况,积极营造火炬松、黄楝、椿树等混交林,增加林分结构。对播区内出苗不均匀的地段、林中空地和稀疏林地,以培育针阔混交林为原则进行,可补植侧柏、刺槐等抗旱乡土树种,也可点播山桃、山杏等,巩固和提高飞播造林成效。

第五节 问题和对策

一、存在问题

一是飞播林潜在病虫害和火灾隐患。鹤壁市飞播造林成功地选择了油松、侧柏、黄连木、臭椿等几个树种,但飞播成林后,林木覆盖度过大,光照严重不足,易遭受病虫危害,火险等级高。如纣王殿播区,因松梢螟等危害,形成大面积虫害,影响了幼林成林成材;同样由于资金缺乏、生产技术落后等因素,林区没有建立防火线、隔离沟等森林防火基础设施,在小区域内森林火情、火灾时有发生。

二是播后管护不力。个别乡村管理机构不健全,有关规章制度执行不力,制度不完善,管理措施不得当,管护人员积极性不高。这些因素在经济相对发达、交通条件较好、人口密度较大的区域更为明显,播区被开垦、放牧、乱挖、滥伐等现象时有发生,严重影响飞播成林成材。

三是飞播造林投入严重不足。近年来,飞播造林每公顷投资为75万元左右,仅能用于飞播设计、购种、施工几个方面。随着种子价格上涨、飞行费用增多,飞播成本不断增加,且大多数飞播区属贫困山区,地方财政配套不足,影响了飞播造林的质量。人员管护、封山育林、抚育间伐、病虫害防治、基础设施建设等没有专项经费,造成后期工作滞后,影响造林成效。

二、对策

一是加强领导,深入宣传教育,提高广大干部群众对飞播造林工作重要性的认识。二是巩固播区造林成果,加大播区病虫害预测预报工作,并及时进行病虫害防治,强化林木防火工作。三是开展抚育间伐工作,使飞播造林实现播一片,成林一片。四是多方筹资,确保飞播造林的资金投入,不断提高飞播造林的质量和效益。五是提高播区设计质量,搞好播前立地条件调查，科学选择树种，科学合理地设计作业时间和植被处理方式。六是搞好飞播施工作业，加大飞播科技含量，充分运用现有无人机飞播造林配套技术，确保飞播造林成效。

第六节 发展展望

党的十八大以来，以习近平同志为核心的党中央提出了生态文明建设和绿色发展理念、“绿水青山就是金山银山”等一系列重要战略思想。当前，对林业建设提出了新的更高要求，鹤壁市林业生态建设虽然取得了一定成效，但生态建设任务依然十分繁重，必须进一步加强林业建设，加快造林绿化进程。实践证明，飞播造林是符合鹤壁市实际情况的重要造林绿化方式，为鹤壁市生态建设做出了重大贡献。今后，要继续采取有效措施，进一步推动飞播造林工作。

一是要更加重视飞播造林的作用。随着造林绿化事业的推进，鹤壁市造林绿化的重点和难点地区自然条件更加恶劣、立地条件更差，且大多处于生态脆弱地区。这些地区人工造林难度越来越大，要充分发挥飞播造林的优势，重点加强这些地区飞播造林的比重。

二是要加强飞播林经营管理。要切实抓好飞播林经营管护工作，做到“种子落地、管护上马、抚育跟上”，大力推广“播封结合、以播促封”的成功经验，加强飞播林中幼林抚育，提高森林质量，巩固建设成果。

三是要继续加强相关技术研究。要针对飞播造林技术的薄弱环节，加强无人机飞播造林新技术攻关和新成果推广应用，不断提高飞播造林科技含量。

四是要加强部门协调与合作。要继续发扬部门协作精神，在计划、资金、飞行作业、气象预报、安全保障等方面加强协作与配合，确保飞播造林顺利开展。

五是要加强后期管护工作。在飞播林地要及时进行病虫害防治，对于已成林的要及时进行抚育管理，更要重视飞播林的防火工作。

六是加大人工撒播造林力度。人工撒播造林虽然成本高、劳动强度大，但施工作业限制因素少，作业时间易于控制，造林质量比较高，成林成效大。

七是建立完善的飞播造林体系。进一步加强飞播造林管理工作，建立起完善的飞播造林管理体系，对飞播造林进行动态监测和管理。

第七章　久久为功四十载 绿撒怀川满乾坤(焦作)

从1979年到2018年的40年间,焦作市飞播造林面积7.87万hm^2,成效面积2万hm^2,早期的飞播林已郁闭成林,形成了大面积的飞播林基地,开始发挥森林的多种效益。飞播造林也以其独有的优势和功效,在焦作市山区造林绿化中发挥了重要作用。

第一节　基本概况

焦作市位于河南省的西北部,北靠太行,南临黄河,东西最长处98 km,南北最宽处55 km,国土总面积4 071 km^2,平原及滩区2 822 km^2,占全市总面积的69.3%,丘陵和山区1 249 km^2,占30.7%。辖6县(市)4区和1个城乡一体化示范区,总人口377.5万人。地貌复杂多变,主要特点是北山、中川、南滩,地势北高南低,高差起伏较大,海拔在85~1 300 m。

焦作市属暖温带大陆性季风气候,日照充足,水热同步,四季分明。1月最低气温−16.9 ℃,7月最高气温43.2 ℃;水资源丰富,境内河流众多,属黄河、海河两大水系,流域面积在100 km^2以上的河流有23条,主要有黄河、沁河、新老蟒河、丹河、大沙河等;土壤主要有棕壤、褐土、沙土、两合土等，山丘区土类主要有褐土和棕壤，适宜营造侧柏、油松、栓皮栎、黄连木等水土保持林、水源涵养林、生态能源林。

焦作市野生动植物资源较为丰富。野生动物有655余种，其中有国家一级保护动物金钱豹，国家二级保护动物猕猴、黄喉貂、豺、青羊等。植物种类属温带类型，主要有高等植物197种785属1 760种，其中裸子植物有4科7属12种，被子植物有139科686属1 585种。

第二节　发展历程

焦作市飞播造林经历了试验与推广、大力发展、稳步推进、升级换代等阶段。

一、试验与推广阶段(1984—1985年)

20世纪70年代末期，在省林业厅统一组织下，在伏牛山等山区进行了人工模拟飞播造林试验，获得了良好的试验效果。焦作市从1984年起首次在沁阳市云台和天池岭两个播区，1985年在博爱县北田院播区进行飞播造林试验，由于设计合理、树种选择正确、播期适时，试验取得良好效果，当年出苗率达40%以上，为河南飞播造林的发展奠定了基础。

二、大力发展阶段(1986—1998年)

1986年后，飞播造林在焦作市太行山区全面实施，年均飞播作业面积3万亩(0.2万hm^2)，最高年份达到5万亩(0.33万hm^2)。修武县的岸上、西村，博爱县的寨豁，沁阳市的常平，中站区的龙翔办事处等乡(镇、办事处)的深山区已基本郁闭成林，并成为焦作市森林旅游和休闲度假胜地。

三、稳步推进阶段(1999—2017年)

经过前期的大力发展阶段，焦作市飞播造林逐渐转移至浅山丘陵区，多效复合剂包衣技术和阔叶树种飞播造林技术试验的成功，打破了焦作市单一树种的局限性，促进了山区树种结构的调整，避免了森林病虫害的发生，加快了山区绿化步伐。

四、升级换代阶段(2018年至今)

2018年前焦作市均采用"运五型"飞机开展飞播造林，随着飞播造林的发展，集中连片和大面积的宜林荒山荒地已基本完成，仅剩人为活动频繁、自然条件差的浅山丘陵区及深山区的一些林中天窗需要实施。2018年焦作市首次采用欧直—小松鼠直升机进行飞播作业，直升机机动灵活，播种量准确，种子落地均匀，既省时又省力；无人机具有灵活机动、起降技术要求相对较低、播撒精准化等特点，今后焦作市将积极配合河南省林业调查规划院开展无人机精准飞播造林工作，在加速焦作市困难地造林绿化进程中发挥重要作用。

第三节 主要成就

一、加快了焦作市荒山绿化速度

1983 年以前,焦作市山区除国有林场和少部分集体林地保存 0.6 万 hm^2 次生林和人工林外,其他山坡基本上是荒山秃岭,只有不足 20%的灌木覆盖。有比较好的经济价值的灌木,如连翘、黄栌、荆条等被人为破坏得非常严重,而且当时受多种因素影响,人工造林规模小、成效低。目前,山区保存的 3 万 hm^2 人工林中,飞播成林面积达 1.33 万 hm^2,使全市森林覆盖率提高 3 个百分点。修武县的西村乡、中站区的龙洞乡、博爱县的寨豁乡、沁阳市的太行山国家级猕猴自然保护区,80%是由飞播或与飞播伴生的次生林组成的。

二、改善了生态环境

飞播造林后,焦作市坚持"种子落地、封山启动",连封 5~10 年,提高了天然萌生的阔叶树的比重,栎类、黄栌等过去几乎消失的树种,现在在播区又重新多起来,而且比重不断增加。据在修武县西村乡观测,由于飞播林木的生长和林地树草种的恢复,郁闭的飞播林内形成乔灌草多树种多层次的复合林分结构,地表得到很好的庇护,起到了涵养水源、控制水土流失的作用。在海拔 800 m 以上的播区,经过封山、补植补造等措施,森林覆盖率达到 72%,土壤腐殖层平均达 20 cm,区内土壤侵蚀量比过去减少近 60%,对农田、道路、堤坝的破坏减少五成以上,地表径流量每亩减少 100 m^3,每亩蓄水量增加 140 m^3 以上,播区除耕地等非林地,几乎没有泥沙流失。结果表明,飞播封山对控制水土流失具有明显的效果,有效地保持了水土,涵养了水源,调节了气候。飞播、封山还增加了野生动植物种群,由于飞播林内植被的明显恢复,林中生物链也随之得到恢复与平衡。从植物方面说,一是一些珍贵树种得以保护,如青檀、核桃楸、连香树、白皮松等数量明显增多。二是新的植物种类在播区安家落户,林下植被逐步被新的耐阴树种如蕨类等所替代。随着植物演替的进行,目前播区已逐渐形成喜阳树种与耐阴树种结合、针阔混交的稳定生态系统。

三、促进了旅游业的发展

森林是山水旅游的物质基础,焦作市的青龙峡风景名胜区、神农山省级风景名胜区、峰林峡风景区、云台山风景名胜区、青天河风景区都是 20 世纪 80、90 年代的飞播区,目前各景区已形成了以针阔混交为主的森林体系。良好的森林景观与如画般的山水风景相结合,为旅游业更好、更快发展奠定了基础。另外,现在人们不仅仅满足于风景区旅游,各种形式的生态游、自驾游、农家游在焦作市的其他飞播区也悄然兴起。播区的各种旅游设施、饭店逐渐多了起来,成了当地群众脱贫致富的好途径。

目前,焦作市林地面积 11.37 万 hm^2,有林地面积 5.74 万 hm^2,林木蓄积量 540 万 m^3,森林覆盖率达 32%,2009 年被河南省绿化委员会授予"河南省绿化模范城市"称号。2016 年被国家林业局授予"国家森林城市"称号。

第四节 基本经验

一、加强组织领导，协调部门联动

飞播造林是一项系统工程，搞好飞播造林，关键在领导。焦作市在飞播之初就成立了飞播造林指挥部，由主管副市长任指挥长。指挥部成员由林业、财政、气象、公安等部门领导组成。协调各方面的关系，及时处理工作中存在的问题。有关县（市、区）也成立了相应的指挥部。20 世纪 80 年代和 90 年代初，播区的选择、航标线的测量、播带的定点都是靠人工进行的，工作条件十分艰苦而且易发生偏差。各级指挥部每年都召开飞播造林动员会，选调业务骨干进行飞播造林的各项工作。播区踏查、作业设计、调运种子、气象服务等都有专人负责，分工协作。资金方面，在中央、省级投入一半的情况下，市、县两级财政积极予以支持，乡村群众投工投劳为飞播造林提供了物资保障。在飞播时，播区、机场统一行动，相互配合，使每年的飞播都能顺利完成。

二、精心选择播区，科学规划设计

规划设计是飞播造林的前提。在飞播任务下达之后，焦作市就组织精干的技术力量进行野外调查。首先是精心选择播区。尽可能选择荒山荒地集中连片，宜播面积占播区面积 60%的区域为播区，同时，认真调查播区的植被、土壤、坡度、坡向、海拔等立地条件，为科学规划提供依据。在规划设计时，焦作市严格执行国家和省飞播造林技术规程。在航标线设定、播区走向、航向、树种选择等方面，做到规划合理、设计科学、计算准确、便于操作，成本低、效益好。其次是科学选择飞播树种。20 世纪 80 年代和 90 年代初期，焦作市的播区主要选择在海拔 800 m 以上的区域，根据各树种的生长特性、适应范围，选择油松为主播树种，收到良好的效果，许多播区都是一次成功，目前的长势好、林分质量高。在海拔 600~800 m，经过试验观察，这个区域阴坡油松生长情况较好，而阳坡侧柏表现较好，因此选择侧柏、油松混播。从成效调查情况看，播种的侧柏生长情况很好，但成效较为一般。进入 2000 年以后，焦作市对树种进行了大胆的调整，树种调整为臭椿、黄连木、侧柏混播。同时，飞播海拔也下移到 500 m 以上。在选种方面，严把种子质量关，坚持使用良种、好种，每架次的种子都是经过省有关部门严格检验后才使用。在播前，还要对种子筛选，药剂拌种，预防鸟鼠危害，节约用种，促进苗高及苗根生长，增强抗病及越冬能力，提高成苗率。最后是确定适宜播种期。飞机播种靠的是天气，具有很强的季节性，在全省的统一部署下，焦作市林业、气象部门密切合作，根据中长期预报适时研判调机时间，为科学安排飞播提供切实的依据。

三、坚持种子落地，管护上马，保护飞播成果

飞播造林面积大、范围广，播后的管护工作比人工造林要难。因此，焦作市坚持“以播促封，以封保播”的原则，积极筹措资金，采取得力措施，做到种子落地，管护上马，形成

级级有人抓、层层有人管、山山有人看的护林网络。飞播前各县(市)政府即与播区乡村签订管护责任书,各村配备了护林员,建立管护制度,在播区设立明显的封山标志和树立标牌,严禁牛羊进入播区,严禁采矿采石、割荆打柴等人为活动,严格执行死封5年、活封7年的管护制度,确保飞播成效。同时,为提高播区的整体成效,在经过成苗情况调查后,对缺苗、少苗或因苗木密度不足而达不到成林标准的地段地块,组织当地群众进行补植补造,使播区尽快成林,提高林分质量。

第五节　存在问题

随着飞播造林工作不断深入,造林面积不断增加,一些问题逐步显现,飞播林急需加强经营和管理。一是当前飞播造林存在的关键问题还是管护,部分乡村飞播后管护不到位,牛羊入林现象时有发生,严重影响飞播幼苗幼树的正常生长。二是飞播成林后,得不到及时抚育,飞播林会逐步演变为低效林。20世纪80年代飞播的油松林过分郁闭,局部过密的地方开始枯死,蓄积量增长开始停滞。由于长时间得不到抚育,许多变成"小老树",林分质量差,及时开展飞播林抚育间伐十分必要。三是飞播资金相对短缺。受种子价格、飞行费用上涨等影响,加之需要种子处理,人工费提高,飞播造林经费远远不能满足实际需要;现在适宜播区多为困难地,要提高飞播成效,需要在地面进行破土、扩穴等处理,增加了飞播造林的投入成本;由于没有后期经营管理经费,难以及时进行飞播林的补植补造和抚育管理。

第六节　发展对策

一、加大宣传,改变观念

飞播造林是一项全社会受益的公益事业,要充分认识40年来所取得的成绩,了解飞播造林的优势和重要作用,进一步提高认识,采取不同形式,加强宣传,承担起应尽的义务和责任,全力支持和做好这项公益事业。焦作市将进一步加大资金投入力度,按照《森林河南生态建设规划》和《森林焦作生态建设规划》的总体要求,通过采用直升机和无人机相结合的飞播造林配套技术,努力改善和提升焦作市山区生态环境建设水平。

二、强化责任,落实管护

牢固树立"一分造,九分管"的思想,大力推广"播封结合,以播促封,以封保播"的成功经验,实行播后坚持封山5年,结合当地具体情况再进行半封、轮封,直到成林。强化管护责任,落实管护经费,健全管护制度,强力推进飞播林经营管理;按适地适树原则,大力开展补植补造,对失败的播区进行重播,点播或撒播油松种子,人为加大播种密度,对封山3年后生长起来的稠密阔叶幼苗进行疏苗移栽,促其生长,形成针阔混交林,确保飞播成效,提高飞播林的生态效益和经济效益。

三、争取资金,加大落实力度

一是积极争取和落实省、市、县三级飞播资金,确保飞播造林顺利实施。二是根据季节气候因地制宜地合理安排飞播时间,及时掌握播区中长期气象预报,并积极协调飞行等相关部门,确保在雨季顺利完成飞播造林任务,保证播后出苗率,降低飞播成本。三是加大政府财政投入,把飞播林的经营管理纳入年度财政计划,并给予一定的补助,按照河南省林业调查规划院制定的《河南省油松飞播林经营管理技术规程(试行)》中经营管理的程序、方法与技术、质量管理等要求,先行试点,不断总结完善,确保飞播林的经营管理顺利实施。

下一步,焦作市将深入贯彻落实习近平总书记有关加快生态文明建设的重要讲话精神,认真学习借鉴各地先进经验,持续开展飞播造林工作,加快推进国土绿化提速行动,为建设森林河南,谱写新时代中原更加出彩的绚丽篇章做出焦作贡献!

第八章　立下愚公移山志
绿染王屋山下城(济源)

济源市位于河南省西北部,北依太行,南临黄河,山区丘陵面积占全市总面积的88%,北部山陡地险,南部土壤瘠薄,人工造林难度大、成本高、效率低,正是飞播造林开辟的新途径,使济源的生态环境明显改善,取得了令人瞩目的成就。

第一节　自然条件

济源市北部和山西阳城、晋城交界;南临黄河,与孟津区、新安县隔河相望;东接沁阳、孟州;西与山西省垣曲县相连。地理坐标为北纬34°54′~35°17′和东经110°02′~112°45′。市境略呈长方形,东西长66 km,南北宽36.5 km,市域总面积1 931.26 km^2。

济源北部属太行山系和中条山系,分布着以栎类为主的天然次生阔叶林、针阔混交林和沟谷杂木林,森林覆盖率达70%以上,珍稀动植物资源繁多,1982年被省政府批准为省级自然保护区和禁猎禁伐区,1988年被批准为国家级自然保护区。西部及济邵路以南低山区,森林覆盖率较低,主要是人工刺槐林和侧柏幼林。

济源境内山峦起伏,沟壑纵横,地形复杂,呈西高东低、北高南低之势,属暖温带大陆性季风气候,平均气温14.3 ℃,1月平均气温-0.1 ℃,极端最低气温-20 ℃。气候特点:春旱多风,夏秋多雨,冬寒干燥,四季分明。境内小气候区域甚多,有“三里不同风、五里不同天”之称。

第二节 发展历程

1978年12月，党的十一届三中全会确定了以经济建设为中心的战略方针，为促使林业在经济建设中发挥作用，经过近2年的试验探索和经验总结，1980年河南省开始进行较大面积的飞播造林。1982年，邓小平同志对我国飞播造林做出重要批示后，河南省飞播造林进入快速发展阶段，飞播造林由人工模拟试验，扩大到集中连片、大规模生产应用。

1984年，济源市作为河南省试点之一，进行了首次飞播，使用的是“运五型”飞机。当时没有GPS导航设备和交通条件，播区大多位于坡陡路窄、人迹罕至的深山区，飞播作业是“导航基本靠手，交通基本靠走”。打航标线是飞播最艰苦的工作，当时的县林业局就1辆吉普车，人员进山靠的是两条腿，一行10多人，扛着旗子，带着干粮，沿着山脊打航标线，饿了吃点干粮，渴了遇到河水就赶紧喝几口。天气是飞播作业很重要的因素，由于小气候环境影响，机场和播区气象条件经常不一样，为确保安全，播区人员需要及时向飞播指挥部报告天气情况，联系是通过对讲机，由于信号有限，需要至少2次中转，才能联系到指挥部。遇到持续雨天，播区人员更是需要借住农户家，少则一两天，多则一个星期，甚至半个月。挂烂了衣服，磨破了鞋子，同志们都无怨无悔。飞播作业复杂、艰苦，一旦飞播，县林业局和镇林站两级部门，全员出动，服务飞播作业。

随着改革开放和科技水平的进步，飞播工作迈入了崭新模式，飞播技术也在不断地成熟和创新，飞播种子使用包衣剂，播后进行人工补植容器苗，设立专职护林员管护等措施，为全区飞播造林上了保险。从1996年开始，逐步采用GPS导航代替打航标线，2015年开始小型直升机代替固定翼飞机成为先进的技术设备，节省了大量的人力、物力，让飞播作业更安全、更快捷，成效也更加明显。

第三节 主要成就

飞播造林在河南经历了40年，在济源也走过了35年，济源市飞播面积近6万 hm^2，显著成效面积有2万多 hm^2。济邵以北的山区、黄河小浪底库区北岸等播区，随处可见郁郁葱葱、长势喜人的飞播侧柏、油松、臭椿、榆树混交林等。目前，济源市林地面积12.07万 hm^2，有林地面积8.6万 hm^2，林木蓄积量386.5万 m^3，森林覆盖率达45.06%。2013年，济源市被国家林业局授予“国家森林城市”称号；2016年，被全国绿化委员会授予“全国绿化模范城市”称号；2018年，被国家林业局授予“全国森林旅游示范市”称号。

第四节 经验和做法

济源的飞播造林，是在经验和教训中不断探索前进的，在确保顺利完成飞播任务方面，我们主要做好以下几个方面。

一、科学规划，严格把关，为飞播造林成效奠定基础

飞播作业设计是否合理，直接关系到飞播成效的高低。在这方面，济源是有过教训的。2001 年、2002 年，济源市连续两年在下冶镇陶山播区进行了飞播，由于播区大面积存在野皂角等植被，盖度在 80% 以上，种子落地率低，成效不是很理想。为此，济源市总结教训，在以后的飞播设计中，要求技术人员必须进行实地外业勘察，按照“因地制宜、适地适树、宜飞则飞、宜封则封”的原则，选择适宜海拔、植被盖度、坡度、坡向和坡位，有一定土壤含量的区域作为飞播区，合理布局，科学设计，选择适宜树种，调整林分结构，确保提高飞播造林成效。从随后几年的经验看，选择合适的立地条件，明显提高了飞播效果。

二、飞管结合，适时补播，多措施确保飞播造林出成效

提高飞播成效，重在“管”字上，近年来，济源市坚持做到种子落地，管护上马，播后死封 3~5 年，活封 7~8 年，在死封期间坚决执行“五不准”：不准放牧、不准砍材割草、不准开荒种地、不准烧荒、不准挖药，并实行了以封护为主的责任制，以国有林场、乡镇林站为依托，组建护林队伍，切实加强管护工作。同时，积极探索飞播林经营管理新模式，对飞播林进行分类经营，按照“无苗地造，疏苗地补，密苗地间，天然苗留，被压苗抚”的原则，分别采取不同措施管理。同时，对播区内出现的部分缺苗和林中空地适时采取植苗、植播、撒播等方式，全力开展补植补播工作，取得了良好成效。

三、勇于探索，积极使用新技术，不断推进飞播迈入新的历程

随着飞播造林工作的逐步开展和科技的不断进步，在省飞播站的指导下，济源市先后采用了 GPS 导航、种子包衣等技术。GPS 导航把人从打航标线的艰苦工作中解放出来。包衣剂的使用则有效保护和提高了药物的效果，从而提高了种子保存率，增大了出苗率。2014 年，由于济源机场训练任务重，难以为飞播提供有利作业时间，济源市尝试按市场模式，使用小型直升机作业，实践证明，小型直升机飞播在灵活性和时间方面有着独特优势。灵活性主要表现在停机坪选择，在播区只要选择 100 m^2 左右的空旷平整场地，就能够为小型直升机提供停机服务，2 万亩（0.13 万 hm^2）飞播任务，在天气条件适宜的情况下，不到 2 d 时间就能完成。当然从 2015 年开始，省规划院一直在探索直升机飞播造林，现在配备有先进的播撒设备，2 万亩（0.13 万 hm^2）用时 5 h，飞行时间大大缩短，飞播效率得到大幅度提升；2017 年，在省飞播站的支持下，济源市首次通过公开招标，自行采购种子。同时，与省飞播站结合，采用无人机等新的设施设备和措施，想方设法提高飞播成效，推进飞播造林工作迈入新的历史征程。

第五节　问题与对策

一、存在问题

随着济源市多年来飞播工作的开展，成林面积逐年增加，存在问题逐步凸显，一是飞

播区域成林分布不均匀。条件适宜的区域如阴坡、半阴坡，成林林分稠密，而条件较差的区域，林分较稀疏。二是部分区域森林火灾和病虫害隐患大。由于飞播所播区域大多人迹罕至，而早期的飞播林成林后，林木密集，林分密度大，竞争激烈，卫生条件较差，又不便于开展抚育工作，所以森林火灾和病虫害隐患较大。三是飞播资金相对紧张。由于当前飞播种子、人工费用不断上涨，飞播造林经费远远不能满足实际的需要，且目前播区多数立地条件较差，若想提高飞播成效，需进行地面破土、扩穴等措施，更需要人工方面的投入。

二、发展对策

一是加大飞播林基地建设的投入力度，开展飞播林抚育间伐，同时，试验性地组织实施地面破土、扩穴等方法，提高飞播成效；二是利用现代化的森林保护监控设备，加强对飞播林基地的管护工作，尤其是森林火灾和病虫害，做到及时发现及时处理，确保森林安全；三是结合飞播实际工作，灵活调整飞播种子量，在条件较差的区域，加大飞播种子量，促进形成相对均匀的飞播林分。

第六节　工作展望

飞播造林已成为济源市生态建设的重要内容，自 1984 年首次飞播以来，连年组织从未间断，每年飞播面积均在 2 万亩（0.13 万 hm^2）以上，取得了显著成效。今后工作中，将持续做好以下几方面工作，保障飞播造林工作的开展。

一、强化宣传，提高认识

充分利用济源市飞播造林取得的成就，通过多种形式加大宣传力度，提高各级领导和广大干部群众对飞播造林工作重要性的认识，进一步加快推进济源市生态文明建设，改善生态环境的责任感和紧迫感，调动一切积极因素，推动飞播造林事业的发展。

二、多措并举，提高成效

一是开展播区整地试验，通过播前对播区植被采取人工割草、砍灌，或采取局部整地、挖鱼鳞坑等形式，增加种子落地率，对不同整地措施的播后成效进行对比。二是开展无人机飞播作业试点。结合省飞播站，在播区开展无人机飞播，对比分析小型直升机和无人机飞播在作业过程和成效方面的优劣。以试点工作为推手，推进飞播工作的开展。

三、加强管护，保护成果

加大飞播区的管护工作，把飞播区管护与飞播作业摆在同等重要的位置，切实做到种子落地、管护上马、抚育跟上、常抓不懈。建立健全播区管护制度，加强各级管护队伍建设，确保围栏设施完整，严禁人畜危害。加大播区防火和病虫害防治工作力度，确保飞播一片，成效一片，成林一片。

第三篇　县市篇

第一章 播翠撒绿四十年 莘川大地更秀美(卢氏县)

第一节 发展历程及成效

卢氏县位于河南省西部边陲,总面积4 004 km^2,是河南省面积最大、人口密度最小、平均海拔最高的深山区林业重点县,境内千山起伏,沟壑纵横,河流遍布,形成了"三山三河两流域,八山一水一分田"的基本地貌。因受山高沟深、交通不便、经济落后、人口稀少以及宜林荒山面积大等因素制约,大面积开展人工造林困难重重。为加快荒山绿化步伐,1979年6月,河南省首次开始飞播造林试验,卢氏县作为试点县之一进行了首次飞播造林工作,并建成专为飞播造林使用的机场,建立了县级飞播造林专业机构和队伍,为山区造林绿化开辟了新途径。

40年里,卢氏县连续飞播造林37次,飞播造林作业面积15.3万多 hm^2,通过不断引进和推广飞播造林新技术,加强播区管护和播区经营管理,截至2019年飞播成效面积6万 hm^2,主要分布在全县13个乡(镇),其中北山播区变化最大。这些播区以前全部为荒山,只有一小片人工林或灌木林,如木桐的五里庙播区,潘河的草沟、张家山播区,杜关的

尧头、骆家池播区和王家河播区，范里的大峪播区，文峪的煤沟播区等，目前播区内基本全部为油松林覆盖，油松林的平均胸径在12~15 cm；西南部山区的官坡岭、五里川路沟、朱阳关河南、汤河的熊耳岭通过飞播造林，形成了油松与栎类混交林，改变了林分结构，为今后的森林经营管理奠定了良好基础。

40年来，通过飞播造林和补植补造，卢氏县形成了以飞播林为主体的多林种、多树种，结构较合理的飞播林。1992—2000年，以建设卢氏飞播林基地为主，加强播区重播，飞播树种以油松加侧柏为主，开展人工补植补造，大力发展混交林，适度开展油松林抚育间伐。经过努力形成了四大飞播林基地，即以范里、文峪、横涧、汤河为主的熊耳山北坡飞播林基地，以杜关、官道口、木桐、潘河为主的崤山飞播林基地，以磨口、徐家、官坡为主的洛河上游飞播林基地，以五里川、朱阳关为主的老鹳河流域飞播林基地。初步估算，卢氏县飞播林基地蓄积总量达到250万 m^3，总价值超过5亿元，是总投资910多万元的55倍，充分体现了飞播造林省时、省工、省钱的特点，生态、社会、经济效益十分显著。

2015—2019年，引入小型直升机飞播造林，小播区群设计、多树种飞播作业，播区选择灵活多样。近年来开展的黄连木、臭椿等飞播造林，从出苗调查情况看，效果非常理想。

2015年开始小型直升机代替固定翼飞机成为先进的技术设备，节省了大量的人力、物力，让飞播作业更安全、更快捷，成效也更加明显。

2014年，由于济源机场训练任务重，难以为飞播提供有利作业时间，卢氏县尝试按市场模式，使用小型直升机作业，实践证明，小型直升机飞播在灵活性和时间方面有着独特优势。灵活性主要表现在停机坪选择，在播区只要选择100 m^2 左右的空旷平整场地，就能够为小型直升机提供停机服务，2万亩(0.13万 hm^2)飞播任务，在天气条件适宜的情况下，不到2 d时间就能完成。当然从2015年开始，省林业调查规划院一直在探索直升机飞播造林，现在配备有先进的播撒设备，2万亩(0.13万 hm^2)用时5 h，飞行时间大大缩短，飞播效率得到大幅度提升。

一是加快荒山造林绿化步伐。通过“飞、封、造、管”相结合，明显改变了县内东北部与西南部森林资源分布不均的格局。全县有林地面积增加了34.5%，森林覆盖率由20世纪80年代初的39.8%提高到现在的69.34%，提高了近30个百分点，在加快全县荒山造林绿化进程中发挥了重要作用。二是优化林种树种结构。飞播树种从单一树种到多树种，从针阔纯林到针阔混交林，又发展为乔、灌、草混播，常绿树种和彩叶树种搭配，增加了单位面积蓄积量和出材量，提高了木材质量和等级，森林群落结构得到优化，森林生态系统的稳定性和生物多样性得到加强。三是改善生态环境。飞播林面积的大幅度增加，使洛河、老鹳河沿岸水源得以涵养，泥石流发生的现象得以遏制，水土流失面积和灾害性天气大幅度下降。野生动物种群大量增加，一些过去罕见的国家级保护动物如红腹锦鸡、金雕、灰鹤等经常出没于飞播林区。四是促进农业可持续发展。飞播造林形成的林区，在涵养水源、保持水土、防风固沙、调节气候、改良土壤等方面发挥了显著的生态效益，为农业的高产、稳产和促进当地的经济发展建起了一道绿色屏障。五是为脱贫致富注入活力。播区贫困群众可利用河沟、草坡发展畜牧、养殖业，在林区开展乡村旅游，修建农家乐，为人们提供休闲度假好去处，实现了人均收入跨越式提升，助推脱贫攻坚成效。

第二节 主要做法

一、健全体制,加强领导

卢氏县历届县委、县政府高度重视飞播造林工作,每次飞播造林前夕,县政府都要成立飞播造林指挥部,由主管县长亲自坐镇指挥,抽调气象、公安、粮食、交通、武装等各乡镇单位业务骨干,确保飞播作业顺利进行,同时投入财政资金支持飞播造林。1993 年,卢氏县成立了飞播造林管理站,具体负责全县飞播造林及飞播林基地建设计划制订和报批、经营活动的技术指导、检查验收等工作。县政府把飞播造林纳入目标管理,县、乡、村层层签订目标责任书,严格措施,增强基层干部的责任心,有力地促进了全县的飞播造林工作。

二、积极探索,推广运用新技术

40 年来,卢氏县积极探索,不断引进、推广、使用飞播造林新技术、新产品,使飞播工作朝着管理科学、成本更低廉、成效更显著的方向不断发展。推广应用 GPS 卫星导航技术,不但减少了过去飞播播区测设、人工导航等工序,而且使播区设计的局限性得到了很大的改善,极大地节省了人力、物力和财力。推广应用高分子吸水剂拌种,解决了植被稀疏、土壤干旱、种子发芽难和幼苗伏旱以及高温干旱威胁的问题,应用多效复合剂和 ABT 生根粉,有效解决了鼠害降低出苗率的问题。在飞播造林设计理念上不断向提高生态效益转变,逐步从单一树种到多树种造林又到乔、灌、草混播发展,从林下种植技术应用到抚育间伐的开展,促进了飞播林的快速生长。

三、加强管理,巩固成效

坚持“加强管理,大力发展,播管并重,讲求实效”的方针,努力做到“种子落地,管护上马”。在飞播作业施工结束后,立即安排管护工作,制定管护制度,建立管护组织,确定管护人员,签订管护责任状,印发护林防火通知书,将管护与经济利益直接挂钩。对易受牲畜危害的重点地区设置机械围栏,在明显地点设置封禁标牌。定期组织护林员管理培训,积极组织群众搞好防火、森林病虫害防治及补植补造工作。同时积极探索飞播林经营管理新模式,对飞播林进行分类经营,按照“无苗地造,疏苗地补,密苗地间,天然苗留,被压苗抚”的原则,分别采取不同措施管理。对播区内出现的部分缺苗和林中空地适时采取植苗、植播、撒播等方式,全力开展补植补播工作,取得了良好成效。对发生在飞播区的毁林事件加强宣传教育,严肃查处毁林案件,利用集市、广播、电视等公开处理,扩大教育面,增强广大群众的管护意识。

四、完善飞播档案管理

搞好飞播档案管理是总结飞播经验教训和检查各项飞播管理制度落实情况的重要依据,卢氏县从 1979 年飞播造林开始起,就十分重视飞播档案整理、归档工作,采用县林业局档案室管理与县飞播站档案管理两条线同时进行的办法。县林业局档案室以飞播重大事件、各项文件、规划设计及各种调查、总结为主，县飞播站在兼顾以上内容的前提下，注重对播区调查、设计以及其他基础材料的保存。完善的档案管理方法和制度，为卢氏县飞播造林工作的健康发展提供了保障。

第三节　存在问题及建议

一、存在问题

卢氏县飞播造林虽然取得了一定的成绩，但还存在一定问题，主要体现在以下两方面：

(1)通过多年来的林业生态建设及飞播造林，卢氏县剩下的宜播区多为困难造林地，且面积偏小、地块分散破碎，飞播造林模式有待进一步提升。

(2)随着飞播造林面积的扩大，成林播区抚育管护跟不上，林分长势逐渐变弱，林木质量变差，抵抗病虫能力下降，影响了播区树木成林成材和效益的发挥。

二、发展建议

(1)推广无人机、直升机飞播新技术，实施精准造林，确保剩下的破碎造林地全部得以绿化，提高飞播造林成效。

(2)建议加大飞播造林的投资力度，增加飞播造林规模，并结合封山育林和补植补造，实现荒山的快速绿化。

第二章　持续抓好飞播造林 呵护丹江一库清水(淅川县)

淅川县是南水北调中线工程核心水源区和渠首所在地,国土总面积 2 820 km^2,辖 17 个乡(镇、街道),总人口 67 万人。全县林业用地 15.3 万 hm^2,有林地 12.8 万 hm^2,现有宜林荒山荒地和坡耕地 2.53 万 hm^2,森林覆盖率 45.3%,是全省 25 个重点林业县之一。特殊的区位,赋予淅川林业人特殊的责任和使命,近年来,淅川县始终坚持生态立县战略,大搞植树造林,飞、封、造、管一齐上,取得了连续 10 年以上年度造林面积居全省县级前茅的好成绩。

第一节　风雨兼程四十年

1980 年 6 月 18 日,淅川县首次在盛湾的白亮坪等 5 个村开展飞播造林,当年飞播 0.3 万 hm^2,树种以马尾松、侧柏、黑松为主,播后由于连降喜雨,所以成苗效果好,出苗面积约 0.17 万 hm^2,占播区有效面积的 80.2%。

飞播造林在淅川县试播成功后,为淅川县造林绿化开辟了一条全新的途径,使淅川县造林事业进入了一个快速的发展阶段。截至 2018 年底,淅川县先后在荆关、寺湾、西簧、老城、金河、大石桥、盛湾、马蹬、毛堂、上集等 10 个乡(镇)的 48 个播区飞播造林 4.88 万 hm^2,其中有效面积 3.86 万 hm^2。经过历年来的补植补造和管护,飞播成效较好的面积达 2.78 万 hm^2。

2016 年,淅川县首次试探性采用直升机飞播,与传统的固定翼飞播相比,直升机飞播最大的优势就是节本增效,它不但可以随意选取起飞和降落地点,还能灵活避让村庄、公路,非常适合远离固定机场、分散和不规则小地块作业,极大地提高了飞播的有效面积,取得了令人瞩目的成效,四十年的飞播造林给淅川林业带来了翻天覆地的变化。

一、加快了造林绿化步伐

自 1980 年淅川县首次开展飞播造林以来,全县飞播林成效面积达 2.78 万 hm^2,使淅川县森林覆盖率提高了 10 个百分点,使边远荒山呈现出葱葱郁郁的景象。飞播造林以其独有的多、快、好、省的优势和工效,在淅川县的造林绿化中发挥了重要的作用。通过采取飞、封、造、管等综合措施,形成了盛湾白亮坪、大石桥段台、西簧乡庐山等连片万亩(666.67 hm^2)以上的一批飞播林基地。

二、改善了山区生态环境

飞播造林形成的林区,在涵养水源、保持水土、防风固沙、调节气候、改良土壤等方面发挥了显著的生态效益,保障了水利设施效能的发挥,促进了农牧业稳产高产。近年来,在县城周边、丹江口水库周边困难地采取直升机精准飞播造林,尝试了五角枫、连翘、栾树等彩叶树种应用,成效良好,有效地丰富了城区和库区季相色彩。

三、优化了林分组成结构

通过飞播造林,增加了针叶林和彩叶林面积,调整了树种和林种结构,改变了县域森林资源分布不均格局。树种结构由单一的阔叶林向针阔叶树种混交的合理配置的方向发展,增加了单位面积蓄积量和出材量,提高了木材质量和等级,森林群落结构得到优化,森林生态系统的稳定性和生物多样性得到加强。

第二节　多措并举抓成效

一、领导重视,明确责任

取得县委、县政府主要领导高度重视和支持,专门成立工作组,召开飞播造林筹备会议,主要领导亲自动员部署工作。成立飞播造林领导小组,分工不同、统一协调、责任明确、奖惩到人,形成系统的管理和运作模式,保证了飞播工作的顺利进行。2018 年县财政出资县域自行飞播 2 万亩(0.13 万 hm^2),2019 年县财政继续加大财政支持力度,县财政出资 110 余万元支持飞播造林 6 万亩(0.4 万 hm^2),增加了连翘、五角枫等彩叶观花树种,坚持造林造景,极大地丰富了环城、环库地区的景观效果。

二、扩大宣传，提高认识

利用电视、广播、标语、宣传车等各种形式，采取走林区、进学校、到街道等有效方式，在全县范围内广泛宣传飞播造林的重要性、优越性、科学性和紧迫性，使各级领导和广大干部群众充分了解飞播造林知识和作用，进一步提高认识，积极承担自己应尽的责任和义务，全力支持和投身飞播造林事业。

三、科学规划，因地制宜

播区的选择严格按照因地制宜、适地适树、宜飞则飞的原则，采取专业技术人员分包乡镇全面调查，科学合理确定飞播区域和树种配置，确保飞播造林有效面积显著提高。

四、探索创新，应用科技

近年来，通过应用高分子吸水剂、“多效复合剂”和 ABT 生根粉等，提高出苗成效；推广应用 GPS 卫星定位导航，极大地节省了人力、物力和财力；逐步探索臭椿、黄栌、黄连、栾树等阔叶树种应用，使林分结构更趋合理；2016 年开始，结合荒山面积零碎实际，积极探索采取直升机精准飞播造林，取得成功；2019 年在坚持使用直升机飞播的同时，首次采用无人机精准飞播试验，经过接种测验，无人机具有起降灵活，播种均匀等优势，非常适合小范围人工造林较为困难地区，是彻底解决灭荒的最后保障。

五、制定措施，加强管护

飞播作业结束后，严格要求当地政府及时制定了管护制度，建立管护组织，确定管护人员，实行封山育林，全封 5 年，半封 3 年，并积极组织群众搞好防火、森林病虫害防治及补植补造工作，力求使飞播造林早见成效。

六、补植补造，加强抚育

面对飞播造林苗木分布不均，疏密不匀现象，我们及时采取了点播、植苗等措施，以点播栓皮栎等耐火树种为主，完成补植补播面积 15.62 万亩（1.04 万 hm^2），提高了造林成效。另外，根据林分郁闭情况，先后完成飞播林抚育 30 万亩（2 万 hm^2），调整了林分密度，促进了飞播林的健康生长。

第三节　扬长避短再出发

飞播造林取得的成效有目共睹，但是，面对新形势、新要求，淅川飞播造林事业还存在着一些亟待解决的问题。

一、飞播林的后续经营管理滞后

早期的林区已是郁郁葱葱，产生了良好的生态效益和社会效益。虽然通过国省项目进行了初步抚育管理，但由于资金投入不足，依然面临着密度过大、生长缓慢、病虫害严重等问题。

二、飞播造林与人工造林关系不够明确

飞播造林周期长、见效慢，应该作为人工造林的补充，既丰富了树种多样性又能弥补人工造林因为天气等原因造成的局部缺失，两者相互补充相互促进，而近些年，上级政策将飞播造林与人工造林不能重复，随着近些年林业生态省及提升工程的实施，集中连片的荒山已经难以寻找，但是局部造林失败和造林困难地依旧不少，如采取直升机和无人机相结合作业方式，将最大化提高造林潜力，确保造林成效。

三、着力加强飞播林后续管护和经营

俗话说“一分造，九分管”，飞播造林成效是否显著，除了选对合适的飞播季节，最主要的是后期管护问题，着力加强飞播林科学经营管理，将科研成果不断应用于生产实践，同时，加大资金投入，确保播区经营管理到位。进一步发扬老一辈飞播造林工作者吃苦耐劳的奋斗精神，巩固和提高已有的飞播造林成果，开创淅川县飞播造林的新局面。

四、着力开展无人机飞播造林工作

针对淅川县集中连片百亩的荒山已经难以寻找，所剩无几的荒山都是零星困难地的实际情况，淅川县将积极配合省林业厅采用无人机飞播新技术，实施精准造林，确保剩下的琐碎造林地全部得以绿化，持续发挥飞播造林速度快、工效高、成本低的优势，提高飞播成效。

五、着力加强宣传再造飞播造林新篇章

以飞播造林四十年大庆为契机，深入广泛开展飞播造林宣传活动。打造飞播造林在河南乃至全国的新形象，赢得社会各界关注、关心和支持，为持续做好飞播造林工作营造氛围，创造条件。

第三章 四十年撒播造林 千山万壑披锦绣(栾川县)

栾川县地处豫西伏牛山腹地,辖12镇2乡1个管委会,213个行政村(居委会),总人口35万人。总面积2 493 km^2,其中山坡面积2 200 km^2,地势从东北向西南逐渐升高,海拔由450 m上升到2 212 m,基本地貌为“四河三山两道川,九山半水半分田”。栾川地处亚热带向暖温带过渡区,属暖温带大陆性季风气候,年平均气温12.4 ℃,年均降水量864 mm,7—8月降水量占全年的51%。植被类型属落叶阔叶林型。栾川适宜飞播造林。

历史上的栾川森林繁茂,栾木丛生,生态和谐。但新中国成立初期,“木头挂帅”的过量采伐,“以钢为纲”的土法炼钢,“以粮为纲”的毁林开荒,使栾川森林资源遭到严重破坏,急剧锐减,几近枯竭,到20世纪70年代末,全县森林覆盖率仅49.2%,达到历史最低点。荒山面积上升到8万 hm^2,水土流失严重,自然灾害频繁,严重制约着全县经济社会发展。全县广大干部群众迫切盼望绿化荒山秃岭,改善生态环境。然而,因受栾川山高沟深、坡陡土薄、交通不便、经济落后、人口稀少等条件制约,大面积开展人工造林困难重重。1978年,在省林业厅、市林业局的积极帮助和大力支持下,在陶湾镇社办林场开展人工模拟飞机播种造林试验,一举获得成功。1979年,在三川、冷水两个乡(镇)完成飞播造林10万亩(0.67万 hm^2),从此,拉开了栾川飞播造林的大幕。在省、市林业主管部门的强力支持下，整整40年，没有间断，没有停止，坚持一张蓝图绘到底，终将荒山秃岭披上了绿装。

第一节 主要成效

一、加速了绿化进程

全县飞播造林以来，在14个乡（镇）128个行政村完成飞播造林约7万 hm^2，其中有效面积5.67万 hm^2，成林4.47万 hm^2，飞播造林使全县森林覆盖率提高了18个百分点。特别是对三川、冷水、叫河、陶湾等海拔高、交通不便、荒山面积大、缺少劳力、经济贫困、人工造林困难的乡（镇），更是发挥了重要作用。仅飞播一项，使三川镇森林覆盖率提高了58.3个百分点，冷水镇提高了44.3个百分点，叫河镇提高了29.3个百分点。近年来，在县城周边困难地采取直升机精准飞播造林，尝试了黄栌、乌桕、栾树等彩叶树种应用，成效良好，可有效丰富城区季相色彩。

二、优化了林种结构

通过飞播造林，增加了针叶林面积，调整了树种和林种结构，改变了县域森林资源分布不均格局。树种结构由单一的阔叶林向针阔叶树种混交的合理配置的方向发展，增加了单位面积蓄积量和出材量，提高了木材质量和等级，天然林、人工林的比例也由飞播前的98∶2达到现在的80∶20，森林群落结构得到优化，森林生态系统的稳定性和生物多样性得到加强。

三、增加了木材后备资源

为了改善天然林全面禁止采伐后木材供求矛盾日益突出的局面，栾川县按照森林资源分类经营的原则，在三川、冷水、叫河、陶湾、石庙五个乡（镇）规划建设了飞播用材林基地2.07万 hm^2。早期飞播的油松树高已达12 m，胸径16 cm，蓄积量超过120 m^3/hm^2。该基地将担负起向社会提供优质商品木材的重任，可极大地缓解因天然林禁伐而形成的困难局面。

四、改善了生态环境

通过飞播造林，全县减少水土流失面积625 km^2，气候明显得到改善，降雨量和空气湿度明显增加，山体滑坡、泥石流等灾害性天气减少30%左右，农作物增产约20.3%。生态环境的改善使野生动物种群和数量大幅增加，一些过去罕见的国家级保护动物如金雕、灰鹤、鹿等现在经常出没于飞播林区，野猪、野兔、红腹锦鸡更是成群结队出现。

五、促进了群众脱贫步伐

通过飞播林抚育间伐，共生产小径材3.5万余 m^3，薪柴7 300万 kg，加工松针粉饲料100万 kg，种植松茯苓200万穴，林农创收3 000余万元。特别是，飞播造林使栾川的生态环境日益优化,随之兴起的森林生态旅游业已成为县域经济新的增长极。位于飞播区的老君山、鸡冠洞为国家5A级景区,位于播区的养子沟、滑雪场、抱犊寨、天河大峡谷为国家4A级景区,依托优美的生态环境、凉爽适宜的气候而发展起来的三川镇金斗山庄、白术沟、大红川,陶湾镇协心、西沟,石庙镇观星、杨树坪,城关镇大南沟,庙子镇庄子、蒿坪等乡村旅游、森林养生、全域旅游等无门票旅游项目方兴未艾,已成为栾川精准脱贫的重要途径。毫不夸张地说,飞播造林为山区林农脱贫致富打下了良好的物质基础,已成为真正的"绿色银行"和"摇钱树"。

第二节 主要做法

一、体制健全,一以贯之,常抓不懈

从飞播伊始,栾川历届县委、县政府坚持把飞播造林列入重点建设项目,积极筹措配套资金,确保年度飞播造林计划的落实。同时,先后建立了两套长效管理体制。一是行政管理体制。成立了以县长为指挥长,林业、计划、财政、交通等部门为成员的"飞播造林指挥部"。二是技术管理体制。县成立了"栾川县飞播造林管理总站",定编5人。乡镇也成立相应机构。县政府把飞播造林纳入目标管理,县、乡、村层层签订目标责任书,40年不间断,从体制上保障了飞播造林工作持续有效开展。

二、完善政策,最大限度地调动群众管护积极性

一是为解决林牧矛盾,县政府及时调整产业政策,对荒山资源合理区划,提出"宜林则林,宜牧则牧,宜矿则矿,先绿化,后利用"的原则,从政策上保证了飞播造林工作的顺利进行。二是明晰产权。1989年制定了飞播林收益分配办法,村和农户得大头,县只收回投资成本。即采伐时收益按县1乡2村3坡主4的比例分成,并由县人大形成决议,该项政策目前仍然有效,使林农真正吃上了定心丸。

三、落实管护措施,巩固飞播造林成果

飞播造林是"一分造,九分管"。栾川县建立了完善的飞播造林管护机制。一是对飞播区死封5年,再活封7年。在死封期间,坚决实行"六不准",即不准点烧荒山,不准挖土取石,不准挖药拾柴,不准割草割蒿,不准放牛放羊,不准扒坡开荒。5年后实行活封,允许在护林员监督下从事一些必要的生产经营活动。二是雇用专职、兼职护林员,分片管护。护林员与各乡镇飞播站签订管护合同,实行岗位责任制,定岗定责。天保工程实施后,把飞播区所在的128个村全部纳入天保工程管护区进行统一管护。三是加强播区防火。在做好人防的同时,加大技防力度,共在飞播区建隔离带1 271 km。四是加强宣传教育,坚持依法治林,严肃查处毁林事件。

四、搞好补植补造和幼林抚育工作,加快成林步伐

面对飞播造林苗木分布不均、疏密不匀现象,栾川县及时采取了点播、植苗等措施,以

点播栓皮栎、栽植刺槐等阔叶耐火树种为主，完成补植补播面积1.04万hm^2，提高了造林成效。另外，根据林分郁闭情况，先后在叫河、三川、陶湾、冷水等乡（镇）完成飞播林抚育间伐1.68万hm^2，调整了林分密度，促进了飞播林的健康生长。

五、积极应用飞播造林新技术

近年来，通过应用抗旱保水剂、多效复合剂和ABT生根粉，飞播用种丸粒化处理等，着力提高出苗成效；在直升机飞播造林中，大力推广应用GPS卫星定位导航，极大地节省了人力、物力和财力；逐步探索臭椿、黄栌、黄连、栾树等阔叶树种应用，使林分结构更趋合理。2016年开始，结合荒山面积零碎实际，积极探索采取直升机精准飞播造林，取得成功。

第三节　存在问题及建议

一、存在问题

实践证明，飞播造林是一项顺应天时、符合民意、成功高效的德政工程、民心工程，它为区域生态文明建设做出了巨大的贡献，是功在当代、惠及子孙的伟业，这是飞播人的骄傲和自豪。飞播造林取得的成效有目共睹，但是，面对新形势、新要求，栾川飞播造林事业还存在着一些亟待解决的问题：一是飞播林后续的经营管理滞后。早期的林区已是郁郁葱葱，产生了良好的生态效益和社会效益。虽然通过国家级、省级项目进行了初步抚育管理，但由于资金投入不足，依然面临着密度过大、生长缓慢、病虫害严重等问题。二是局部地区飞播树种结构发生改变。栾川局部地区早期的油松飞播林，随着生态环境的改善，逐步由油松纯林向针阔混交、栎类等阔杂为主转变，局部区域油松的主导地位已经缺失。三是飞播造林模式有待进一步提升。当下栾川集中连片百亩（6.67 hm^2）的荒山已经难以寻找，所剩无几的荒山都是交通不便的零星困难地，是最难啃的“硬骨头”，由于零星，即使采取直升机飞播造林也难以精准。

二、建议

一是加强飞播林后续经营管理及科研工作。希望加强飞播林经营管理技术科研工作，将科研成果不断应用于生产实践，同时结合油松飞播林的实际情况，按照河南省林业调查规划院制定的《河南省油松飞播林经营管理技术规程（试行）》中经营管理的程序、方法与技术、质量管理等要求，先行试点，不断总结完善，推动油松飞播林经营管理工作健康、可持续发展。另外，加大资金投入，确保播区经营管理到位。进一步发扬老一辈飞播造林工作者吃苦耐劳的奋斗精神，巩固和提高已有的飞播造林成果，开创飞播造林的新局面。二是着力开展无人机飞播造林工作。针对集中连片百亩（6.67 hm^2）的荒山已经难以寻找，所剩无几的荒山都是零星困难地的实际情况，栾川县将积极配合省林业厅采用无人机飞播新技术，实施精准造林，确保剩下的零碎造林地全部得以绿化，持续发挥飞播造林速度快、工效高、成本低的优势，提高飞播成效。三是以飞播造林四十年大庆为契机，深入广泛开展飞播造林宣传活动，打造飞播造林在河南乃至全国的新形象，赢得社会各界关注、关心和支持，为持续做好飞播造林工作营造氛围，创造条件和基础。

播下一粒粒种子仅仅是飞播造林的开始，出苗成林也仅仅是阶段性取得成功，后续的经营管理更是任重道远！在省林业厅的坚强指导下，栾川县将汲取兄弟县市好的经验和做法，不忘初心，埋头苦干，让飞播造林这块绿色的丰碑在栾川大地闪耀出更加辉煌的光芒！

第四章　播翠撒绿四十载 谱写南召新篇章(南召县)

南召县位于河南省西南部,伏牛山南麓,南阳盆地北缘,东邻方城,南接南阳市卧龙区、镇平县,西临内乡,北靠鲁山、嵩县,素有“北扼汝洛、南控荆襄”之称,是历代兵家必争之地。地理坐标为北纬33°12′~33°43′,东经111°55′~112°51′。南北长约62 km,东西宽约95 km,总面积2 946 km^2。辖8镇8乡,340个行政村(居民委员会),总人口65万人(含划入鸭河工区)。

南召是个以林为主的山区县,素有“七山一水一分田、半分道路和庄园”之称,山区和丘陵占96.9%,林地面积近23.33万 hm^2,林业发展不仅事关全县人民群众脱贫致富,也关乎生态安全。由于历史等原因,南召成为林地面积大、荒山多、县贫民困的穷县,为改变山区面貌,南召加快了山区建设步伐,把林业作为全县支柱产业,常抓不懈,经过几代人的努力,南召发生了翻天覆地的变化,森林活立木蓄积量672.74 m^3,森林覆盖率66.74%,林业年产值达到20亿元,实力、生态、幸福新南召即将实现,飞播造林在南召林业建设中发挥了举足轻重的作用。在迎接全省飞播造林四十年之际,回顾南召飞播造林历程、总结经验教训、查找存在的问题,对今后飞播造林具有十分重要的现实意义和深远的历史意义。

第一节　发展历程及工作回顾

为全面总结回顾南召四十年来飞播造林工作,全面查阅了县林业局及南阳市飞播站保存的飞播造林设计、总结、成效调查等有关档案资料,对有关参加人员进行了访谈,现从飞播造林、补植补造和播区管护三个方面总结回顾如下。

一、飞播造林

(一)飞播造林历史溯源

南召飞播造林始于1982年,在省、市林业主管部门的大力支持下,1982年在马市坪乡中低山区首次进行了刘氏垛、马市坪两个播区飞播造林,作业面积1 346.7 hm^2,其中宜播面积1 058 hm^2,因快速、省工、高效、低成本等优点而得到大面积推广应用,直至2003年因无连片大面积宜林荒山而停播,2017年采用作业灵活方便的直升机播种又恢复了飞播造林工作。在1982—2002年21年间,仅1988年因未采购到种子停播,1993年南阳全市停播。

(二)飞播造林面积

南召1982—2019年期间共开展飞播造林22年,完成播区37个,总作业面积32 393.7 hm^2(485 906亩),宜播面积27 157.4 hm^2(407 361亩),从作业设计看,有播区重叠现象,但因每次设计范围不同,重叠部分面积无法统计。播区涉及马市坪、崔庄、板山坪、留山、乔端、小店6个乡(镇)。

(三)树种选择

树种是飞播的基础,开始飞播树种选择较为单一,以常绿针叶树为首选,1982—1996的15年间均为马尾松或油松,由此看出飞播的目的主要是荒山绿化。1997年开始混播,加入侧柏、漆树、臭椿等,常绿与落叶阔叶结合,提高了用材和经济效益。2017年后,混播进入新阶段,多树种混播,既有经济树种,也有彩叶树种,由绿化向美化转变,2017年3个树种,2018年4个树种,2019年更是达5个树种。

(四)播量

播量因种子大小、质量好坏而有变化,四十年间播量无明显变化,一直在4.1~7.5 kg/hm^2,多为4.5~6 kg/hm^2。

(五)播期及作业时间

播期在每年雨季的6—8月三个月,以6月中下旬为主,此时飞播雨季即将来临且生长期长,幼苗木质化程度高,成效好。飞播作业时间受天气影响大,一个播区实际作业时间一般为1~3 d,而加上准备等多2~5 d,最多到12 d,采用直升机作业后一般不超3 d,作业效率大为提高。

(六)播区形状

原播区设计为长方形,受载种量、播区高差等影响,非宜播面积较大,而播种工具改变、GPS导航应用,播区形状不再受限制,大大提高了宜播比。

（七）作业施工

刚开始飞播，采用人工地面导航，因此需要提前测量导航位置，播前还需复查，播时导航、质检、指挥及后勤人员往往达四五十人，需要大量人力、物力保障，1997 年改用 GPS 导航后，作业人员大为减少，现仅需十余人。

（八）投资

飞播造林直接投资主要是种子费、飞行费，其次为地面作业费、设计费、短距运输费、药剂及拌种费、杂支费等，总体费用不高，根据资料，1987 年前按作业面积，每公顷投入仅 27.9~41.25 元，就到现在，每公顷投入不足 300 元，仅相当同期造林费用的 1/20。

二、飞播区补植补造

为解决飞播区疏密不均、部分成效差等问题，1984 年 5 月对播区开始设计补植补造，雨季开始施工，拉开了播区大规模补植补造的序幕，当年就采用植苗、点播种植山芋肉、辛夷、漆树、板栗、柿、栎、油桐、马尾松、油松等 626.67 hm^2，此后每年都在雨季和冬春时间，根据不同地类及立地条件，选用合适的经济、用材树种，采用植苗或点播、直播等对播区提升改造。补植补造前踏查、规划设计，林业局与播区村签订造林合同，村组成立专业造林队施工，乡村进行督查监督，林业局选派技术人员指导。补植补造一直采用县投种苗、群众投劳的形式进行，到 1995 年因农村建勤工、义务工取消，播区大规模补植补造工作也随之停止。

自 1984 年开始至 1995 年停止，共完成 9 673.8 hm^2，补植补造对飞播基地建设发挥了巨大作用。

三、播区管护

俗话说“一分造，九分管”，对飞播造林而言，因播区面积大、植被多，除人畜危害外，更易遭受火灾，管护更为重要。因此，从开始飞播以来就实行严格的播区管护措施，做到了飞播种子落地，管护上马，县、乡、村、组层层建立管护组织，在加强领导、广泛宣传的同时，制定了一套切实可行的管护措施，严格执行播区“五不准”（不准打柴割草、不准放牧、不准开荒、不准挖药、不准采石取土），坚持死封 5 年。对护林员明确职责范围、奖罚措施，充分发挥积极性。护林员工资比照村组干部执行，林业局每年对优秀护林员进行表彰，发工作服和劳保品。取消统筹提留后，因村组无收入而取消了专职护林员，播区管护有些削弱，但因多数树木已成林，影响不大。2017 年后采用公益林及生态护林员后，播区护林工作又得到加强。

第二节 取得的成效

一、生态环境明显改善

实施飞播造林四十年来，南召县森林覆盖率从 1982 年的 49.90%增长到了 2017 年的 66.74%，增加了 16.84 个百分点，有林地面积也从 1982 年的 192.98 万亩（128 653 hm^2）

增长到263.38万亩(175 590.09 hm^2),增加了70.4万亩(4.69万 hm^2),活立木蓄积从182.171万 m^3 增长到630万 m^3,全县水土流失面积减少到1 538.3 km^2,土壤侵蚀模数由2 500 t/(km^2·a)减少到2 420.3 t/(km^2·a),年侵蚀总量由730万t减少到709.9万t,鸭河口水库入库泥沙量大幅度减少,水土流失面积得到有效控制。如今的南召,山上是茂密的森林,岗坡上是成片的经济林,多年不见的白鹭等珍稀动物日益增多,区域生态环境得到明显改善。南召县2009年被河南省人民政府授予"河南省林业生态县"。

二、林业产业结构有效调整

南召结合飞播造林工程及播区补植补造加大林业结构调整力度,形成了以板栗、山茱萸、杜仲、辛夷、柿树等为主的经济林基地,以杨、松为主的用材林基地。林业产业结构的有效调整,为林业产业的快速发展奠定了基础。马市坪乡成功探索出林草、林药等产业并重的飞播造林模式,林下种植中药材800 hm^2;白土岗镇依托飞播造林,探索出林下养鸡的新路子,实现了生态与经济的双赢局面。

三、生态旅游迅速发展

依托飞播造林,马市坪滑雪厂、崔庄百尺潭、留山丹霞寺、云阳皇后辛夷路、鸭河口水库、乔端宝天曼等旅游景区、景点的生态环境进一步改善。农村环境质量明显提高,带动了乡村农家乐旅游的迅速发展,丰富了城镇居民节假日的休闲活动。

四、农民收入增加

一是调整结构增加收入。通过飞播造林,有效改变了过去林农在薄坡地、疏林地、荒山、荒坡栽种等低收入,甚至无收入的状况。全县优化培育辛夷、桃树、山茱萸、柿树、板栗、核桃等经济林基地和杨树、松树速生丰产林基地,为退耕农户提供了稳定的收入来源。二是政策性收入。全县争取各项林业专项资金达14 084.3万元,除去种苗费,相当一部分成为林农每年稳定的补助收入。三是促进农村劳动力转移增加的劳务收入。飞播造林使一大批农民从单一的农耕劳动中解放出来,逐步转向养殖、加工、劳务输出等行业。据粗略统计,每年飞播造林工程区农民外出务工收入达1亿元以上。

第三节　存在问题

一、播区选择困难

南召经过四十年的飞播和人工造林,已无连片大面积荒山,但荒山仍然较多,绿化任务较重,同时增加景色、调整林相结构的要求越来越强烈,因此实行飞播造林仍为有效途径,可目前播区选择较为困难:一是虽然采用直升机、卫星导航等先进技术后,对播区大小、形状无大的要求,但从作业成本、施工难易看还有不少限制。二是整体看荒山区植被覆盖度大,多数地方灌木、杂草覆盖度达90%以上,地上枯枝落叶层厚四五厘米,不利于种子落地。三是无适宜中山区荒山区停机位,中山区山高坡陡,净空条件差,适宜直升机停靠的地方十分稀少。

二、播区管护难

造林成败的关键因素是管护,而播区管护更难,一旦出现管护不到位将前功尽弃。一是播区管护时间长,种子落地,经发芽长出幼苗,再长成林,往往需要七八年,在这么长的时间内,容易遭受各种人为和自然灾害。二是播区面积大,涉及不同行政区域和不同主体,难以形成统一的管护体系,管护责任往往难以落实。三是播区多处于偏远山区,因外出打工等在家青壮老力少,老弱病残人员无力管护,可山区植被茂密,进入林区人员成分复杂,狩猎、挖药、放牧、上坟等流动人员多,林区火灾隐患严重,管护难,每年都有因管护不力而出现播区损失。

三、播区抚育严重滞后

四十年来已实施飞播造林近50万亩(3.33万 hm^2),1995年后停止了播区补植补造,现有播区除播后实行封山措施外,基本没有对播区进行经营管理,可以说是处于自然生长状态,既无补植补造,也无除草割灌、修枝间伐抚育,林木生长慢、效益差。

四、整体效益不高

南召县实施飞播以来,山绿了,水净了,除生态效益明显提高外,经济效益不十分明显,实施飞播造林工程,从指导思想上看,在提高生态效益、社会效益上考虑得较多,而通过飞播造林,培植和发挥特色林业优势,促进林业产业化发展,提高经济效益,从而进一步发挥生态效益、社会效益促进区域经济发展的思考相对较少。因而从规划到后续产业发展的思考和探索不够,提供的法律、法规和政策、金融、科技支撑不力,生态建设产业化、产业建设生态化的成功模式不多,通过组织林业专业合作社内联飞播造林户,外联市场、龙头企业的林业产业化机制培育明显滞后。

第四节 发展对策

一、探索飞播造林新技术

一是加快对无人机飞播造林试验,技术成熟后尽快推广应用,无人机体形小,质量轻,升空条件要求低,小片荒山尤其是偏远中低山区小片荒山更适宜用无人机。二是提高经济价值和观赏价值高的树种应用,由以改善生态为主向提高经济效益和社会效益转变,由生态兼用材树种向生态兼经济或观赏树种转变,如漆树、楝木、连翘、五角枫、紫荆、乌桕、黄栌、香椿等,以此增加林副产品和带动旅游等第三产业发展。三是种子,在采用生根粉、驱避剂拌种等技术的同时,可使用包衣增加种子重量或采用大粒种子,提高种子触地能力,以解决植被覆盖度大、地面有枯枝落叶问题,也可适当增加播量,提高出苗量。

二、探索播区管护新模式

造林一生,毁林一时。面对飞播造林管护困难的难题,应积极探索播区灵活多样、适应当地情况的新模式。一是继续实行巩固飞播造林成果政府首长行政负责制,层层签订目标责任书,纳入对政府班子政绩考核的重要内容。二是建立农户管护责任制,对播区受益人要强化责任,对其管护情况实行综合性奖惩,纳入涉农项目考核内容。三是增加飞播造林项目区基础设施建设和后续产业发展的支持。四是统筹公益林护林员、生态林护林员等管护区域。五是进一步建立健全森林防火的投入保障机制,通过向上争取、财政预算、业主和林农投入等渠道增加森林防火的投入,加强全县森林防火基础设施建设,提高森林火灾综合防控水平。加强森林消防队伍建设和物资储备,切实抓好森林防火"专职巡山员制度"和"村民轮流值班制度"两项基础制度的落实,依法查处各种违法行为。

三、加强播区抚育,抓好林区协调发展

一是恢复对播区补植补造,因地制宜、适地适树,提高飞播林基地水平。二是适时开展割灌除草、修枝间伐,既有利于林木生长,又以短养长。三是科学分类,抓住市场对林木产品的需求大量增加机遇,抓住林权改革激发林农积极性的机遇,牢固树立通过产业建设生态的生态保护观,客观地抓好林业的分类区划工作。四是大力发展业主经营、龙头企业联结商品林木基地、龙头企业联结林木专业合作社联结林农、林企+林农+基地、林企+专业合作社+林农+专业合作组织的林业产业化经营模式,支持龙头企业参与商品林建设,推行林木产品合同订购。五是积极推进林权、林地的依法有偿转让,兼顾好业主和林农之间的利益分配关系,支持和鼓励林权、林地向龙头企业业主、向大户集中,推进林业产业化深入发展。六是积极探索林权抵押贷款,加大农村金融对巩固飞播造林成果的支持力度。

第五章 银鹰立下凌云志 巍巍太行绘丹青(辉县市)

辉县市位于河南省西北部,太行山东南麓,华北平原西部,卫河之源头,隶属新乡市管辖,地理坐标为北纬35°17′~35°50′和东经113°20′~113°57′,地处豫晋两省之交,东邻卫辉市和新乡县,西南与修武县毗连,南与获嘉县隔河相望,西北与山西省陵川县交界,北与林州市和山西省壶关县相接。南北长64 km,东西宽52 km,总面积2 007 km^2,其中山地面积1 007 km^2,丘陵216 km^2,平原784 km^2。全市辖20个乡(镇),2个办事处,533个村民委员会,22个居民委员会,总人口88.6万人。自1982年飞播造林以来,全市森林覆盖率提高近11个百分点,达24.2%,先后荣获中国绿色名县、全国绿化模范县、第二批国家全域旅游示范区、中国最美县域之一等荣誉,飞播造林在全市造林绿化中担负着极为重要的责任。

第一节 发展历程

辉县市飞播造林最早始于1960年,当时在辉县水土流失较严重的太行山区进行飞播造林试验,但是由于缺乏经验,缺少关键技术,飞播成效较差。为进一步探索飞播造林的成功经验,1982年再次在辉县进行飞播造林试验。通过科学规划设计、合理确定播期、采取适宜树种、提高作业技术、加强后期管护等一系列技术和措施,试验一举获得成功并取

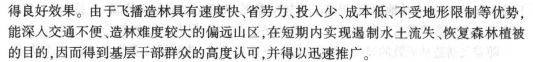

得良好效果。由于飞播造林具有速度快、省劳力、投入少、成本低、不受地形限制等优势,能深入交通不便、造林难度较大的偏远山区,在短期内实现遏制水土流失、恢复森林植被的目的,因而得到基层干部群众的高度认可,并得以迅速推广。

20世纪八九十年代,辉县市在西北部海拔较高的深山区实施了以油松、侧柏等针叶树为主的飞播造林,主要涉及辉县市南寨镇、沙窑乡、黄水乡、上八里镇和薄壁镇,该区域立地条件相对较好,人为活动较少,在较短时间内达到了迅速恢复植被的目的。

1997年以后,辉县市开始在太行山低山石灰岩区开展阔叶树种飞播造林技术试验,并采用GPS全球卫星定位系统和多效复合剂包衣技术,取得了令人满意的成功经验。

进入21世纪以后,辉县市在东北部浅山丘陵区开始大面积实施阔叶树飞播造林,主要涉及辉县市拍石头乡、张村乡、南村镇、高庄乡和百泉镇,该区域土薄石厚,立地条件差,人为活动频繁,年降水量偏少,荒山秃岭,植被稀疏,属辉县市植被恢复的困难地段,是老百姓口中的穷山恶水,当地群众非常贫困,如果不移民搬迁,连媳妇都找不上。为了迅速提高该区域的森林覆盖率,辉县市以飞播造林为主,飞、封、造、管相结合,在树种的选择上,选用黄连木、臭椿、刺槐等乡土树种,播种时间多选在雨季前的6月。同时为防止鸟兽及干旱的威胁,提高飞播造林成效,辉县市采用了驱避剂、保水剂和生根粉对种子进行处理,新科技、新技术、新模式的应用,打破了单一树种的局限性,促进了山区树种结构调整,避免了森林病虫害的发生,提高了飞播造林的技术水平,加快了山区的绿化步伐。

为改变"运五型"飞机单一的飞播模式,2018年6月开始,将直升机引入飞播造林,2019年开展无人机精准飞播造林试点,试点面积2 500亩,开启了辉县市无人机飞播造林的新篇章。

第二节 取得的成效

通过飞播造林的实施,现如今辉县市西北部深山区森林覆盖率已由20世纪80年代初期的32%提升到75%,区域内的针叶及针阔混交飞播林已全部郁闭,平均胸径已达10~18 cm,每公顷株数为1 050~2 400株,已陆续开始实施抚育间伐。森林植被的恢复促进了当地旅游业的飞速发展,辉县市万仙山、八里沟、关山、轿顶山、宝泉、齐王寨、秋沟等知名景区全部集中在这里,森林旅游已成为当地群众脱贫致富的支柱产业。

自飞播造林在低山石灰岩区飞播阔叶树试验成功后,近20年来东北部、中部浅山丘陵区森林覆盖率已由开始的18%提高到现在的42%,林木的平均胸径已达2~8 cm,每公顷株数为2 250~3 900株。以前曾到过这些区域的人无不感叹,20年时间,这里的植被发生了翻天覆地的变化,区域内一批优秀乡村生态旅游点应运而生,如拍石头乡张泗沟村和松贡水村、张村乡平岭村和里沟村等,已成为当地乡村生态旅游的一张名片。

据统计,1982—2019年,全市共完成飞播造林面积7.57万 hm^2(含重播),宜播面积6.44万 hm^2,经成效调查,有效面积4.58万 hm^2,占宜播面积的71.1%;成效面积1.82万 hm^2,占有效面积的39.7%,使全市森林覆盖率提高了近11个百分点。

飞播造林的实施加快了辉县市的荒山绿化步伐,早期的飞播林早已郁郁葱葱,近期的幼林幼苗生长良好,区域生态环境得到了明显改善,生物多样性得到有效保护,物种资源日益丰富，增加了有林地面积，提高了森林覆盖率，飞播造林在涵养水源、保持水土、改良土壤等方面发挥着显著的生态效益，有效地保护了农田，促进了粮食丰产。

随着飞播造林成效的显现，森林旅游产业蓬勃发展，造就了许多优美的森林景观，促进了当地森林旅游产业蓬勃发展，以八里沟、万仙山、宝泉、关山地质公园等飞播林为依托的旅游景区达 9 家。2018 年，全市森林旅游共接待国内外游客 800 万人次，实现社会综合效益 30 余亿元，林农发展家庭旅馆近千家，山区群众以森林旅游业为主导的收入达到 5 亿元。

第三节　主要经验和做法

一、领导重视

历年来，辉县市委、市政府对飞播造林工作高度重视，专门成立由分管市长任组长，林业、财政、气象等相关部门一把手任成员的飞播造林工作领导小组，分工明确，各负其责，主要领导亲自坐镇指挥，现场指导、统一协调、统筹安排，确保了飞播造林工作的顺利开展。

二、加强宣传

通过电视、广播、报纸等新闻媒体，加大对飞播造林的宣传力度，形成了全社会关注、支持、参与飞播造林的舆论氛围。

三、科学规划

科学编制飞播造林作业设计，组织工程技术人员对适宜的播区进行全面踏查，根据自然环境、立地条件等因素，确定飞播的区域位置。在树种的选择上，按照适地适树的原则，选择油松、侧柏、黄连木、臭椿、刺槐等乡土树种作为飞播造林树种，有效提高了飞播成效。在播期的选择上，按照省、市气象资料，合理确定适宜的播种时间，做到播前有墒、播后有持续阴雨天气，确保飞播质量和成效，辉县市选择的播期一般在 6 月左右。

四、加强管护

“播是基础，管是关键”，“一分造，九分管”，围绕飞播林管护，辉县市采取了以下措施：一是建立组织，加强领导。相关乡镇、行政村专门成立播区管护领导小组，由主要领导任组长，发挥行政宏观管理职能，协调各方面关系，落实人员和措施，确保管护到位。二是落实山界林权，明确管护责任。明确“谁山、谁管、谁收益”的原则，在摸清落实山林权属的基础上，签订管护合同，明确责、权、利，增强了管护人员的责任心，调动了管护积极性。三是措施得力，奖惩分明。制定切实可行的管护措施，市与乡、乡与村逐级签订播区封山育林合同，建立健全护林制度和乡规民约，完善奖惩制度。四是切实做好森林防火及病虫害防治工作。严格火源管理和加强森林防火基础设施建设，建立健全林业有害生物预测预报网络，积极预防和消灭林业有害生物，巩固飞播造林成果。

第四节　存在问题及建议

一、存在问题

(1)通过多年的人工造林和飞播造林,当前剩下的宜播区多为立地条件较差的太行山困难造林地,且宜播区相对分散,不集中,飞播造林难度大,成效不明显。

(2)由于宜播地多为困难地,要提高飞播成效,需要在地面进行破土、扩穴等土壤处理,增加了飞播造林的投入成本;受种子价格及飞行费用的影响,飞播造林经费远不能满足实际需要。

(3)20世纪八九十年代飞播的油松林,已进入中龄林和近熟林,林分密度过大,林内通风透光条件差,部分树木出现生长不良、枯枝枯死等现象,急需进行森林抚育。

(4)林牧矛盾突出,山区放牧对幼苗、幼树造成致命威胁。

(5)由于林分密度过大,枯枝落叶层较厚,冬春季森林火灾隐患较大。

二、建议

(1)由于飞播造林具有速度快、省劳力、规模大、成本低、见效快的特点,建议加大飞播造林的投资力度,减少人工造林规模,增加飞播造林规模,并结合封山育林和补植补造,加快荒山绿化步伐。

(2)鉴于当前宜播地块相对分散,不集中,建议逐步采用直升机、无人机进行小播区多树种飞播造林作业,实现宜林荒山荒地飞播造林全覆盖。

(3)飞播造林要进一步调整树种结构,因地制宜增加彩叶景观树种飞播,不但要绿化太行山,更要美化太行山。

(4)加大飞播造林的土壤处理、后期补植补造、抚育管理和管护的资金投入,确保飞播林早成材、早收益。

第六章　播种长空　绿满山川(灵宝市)

灵宝市位于河南省最西端,与山西、陕西两省交界,国土面积 3 011 km^2,林地面积 20.8 万 hm^2,林木覆盖率达到 49.3%。从 20 世纪 80 年代初至今,灵宝市认真谋划、积极实施飞播造林,累计飞播 8 万余 hm^2。其中近 10 年来飞播 1.29 万 hm^2,飞播造林进入全面发展的新阶段,成为灵宝市造林的重要方式之一,为灵宝林业生态建设做出了突出贡献。

第一节　发展历程

20 世纪 50 年代,河南省首次在灵宝进行了飞播造林试验。进入 20 世纪 80 年代以来,以"运五型"飞机为主的飞播造林在导航和通信技术、播种季节、树种选择、混交方式、种子处理等方面取得了重大突破,飞播模式发生了重大转变。近年来,随着生态建设步伐的加快,适合飞播的大面积连片宜播荒山荒地面积越来越少,区域性的、破碎的、小面积的宜播区,如林中空地、矿山开采地、火烧迹地等,急需采取更先进的飞播方式进行植被恢复。在这种情况下,灵宝市从 2017 年开始,将直升机引入飞播造林,打破了长期以来受固定机场限制的局限性。

第二节　主要成就

一、提升了国土绿化进程

从1989年至2019年，灵宝市咬定青山不放松，一棒接着一棒传，全市共完成飞播造林面积8万hm^2（含重播），经过成效调查，成效面积4.53万hm^2，占飞播面积的56.6%；成林面积1万hm^2，占成效面积的22%，使全市森林覆盖率提高近4个百分点。实施飞播造林以来，受益8个乡（镇）130余个村，设计39个播区，主要树种为油松、侧柏、黄连木、臭椿、刺槐、栾树等。经过40年来的飞播，逐步建立起以朱阳镇美山、双庙、秦池、麻林河为主的美山飞播林基地；以朱阳镇甘沟、将军岭、闫驮、马河口为主的将军岭飞播林基地；以朱阳镇（柿树岭、崔家山、卢子塬、吴家垣）、焦村镇、阳平镇、豫灵镇为主的秦岭脉线飞播林基地；以苏村田川、庙沟、尖山为主的苏村田川飞播林基地。尤其是焦村镇娘娘山播区、朱阳镇石板沟播区、苏村田川播区早期飞播的油松林郁郁葱葱，成效显著。经成效调查，播后20年，油松平均树高达到2.6 m，平均胸径6 cm，优势树高达3.5 m，胸径达10 cm；播后30年，平均树高达到4.6 m，平均胸径7.8 cm，优势树高达8.3 m，胸径达11.4 cm，平均郁闭度达到0.4以上。通过飞播造林，昔日的荒山秃岭变成青山绿地，有林地面积及森林覆盖率大为提高，全市森林资源蓄积储备迅速增长。

二、依靠科技提高飞播成效

20世纪50年代，河南省首次在灵宝进行了飞播造林试验。飞播造林初期，完全是人工固定地标导航，费时费力、成本高、准确度差。进入20世纪80年代以来，以“运五型”飞机为主的飞播造林在导航和通信技术、播种季节、树种选择、混交方式、种子处理等方面取得了重大突破，飞播模式发生了重大转变。但是仍然需要一定规模的机场进行起降，航程远、时间长，地形、天气等因素影响很大。近年来，随着生态建设步伐的加快，适合飞播的大面积连片宜播荒山荒地面积越来越少，区域性的、破碎的、小面积的宜播区，如林中空地、矿山开采地、火烧迹地等，急需采取更先进的飞播方式进行植被恢复。在这种情况下，河南省林业调查规划院结合实际，与时俱进，及时运用小型直升机进行飞播作业，并采用GPS导航，详细、精确地计算出播区位置和经纬度，航程短、准确度高，机场选择更加灵活，成本更低，大大提高了飞播造林效果。

第三节　基本经验

一、加强组织领导

为保障飞播造林工作健康有序开展，市委、市政府高度重视，每年都把飞播造林列入财政预算项目，配套足够资金。尤其是2019年的飞播造林工作，市委书记孙淑芳在听取汇报后，给予了高度关注，专门提出增加适宜的野花草本种子和连翘等观花灌木种子，实现乔灌结合、针阔结合,绿化和美化结合的效果。每年的飞播造林市里都成立飞播造林组织机构,机场指挥、现场指挥、机场作业、后勤、播区服务等,统一协调、统筹安排,使飞播任务能够安全顺利完成。

二、科学合理规划

为把飞播造林工作做好、做实、做细,林业局有关技术人员平时在下乡工作的过程中,深入现地、深入小班详细踏查调查,勾绘记录适合飞播的地块,把各种地类属性统计清楚,为每年的飞播规划提供了详细的依据。在飞播设计环节,在省林业厅专家的指导下,培养了一支懂业务、懂电脑、技术熟练的专业团队,确保作业设计科学准确。飞播造林作业结束后,及时进行成效调查,落实管护措施,查找问题,总结经验教训。2018 年,按照河南省林业调查规划院要求,在寺河山飞播区选择了植被盖度较高的区域,进行了小面积的简易地面整理,适度清理了灌木杂草,做好飞播造林成效的对比样区试验,不断探索飞播造林的新方式、新方法。

三、强化播后管护

在飞播管护上,重点抓好以下几个方面:

(1)深入宣传教育,树立全社会人人爱林、护林的自觉意识。从开始飞播至今,宣传工作一刻也未停止过。随着飞播成林面积的日益扩大,昔日的荒山秃岭被满目翠绿所覆盖,广大干群,看在眼里,喜在心头,对飞播是否可行由怀疑到心悦诚服,灵宝市及时总结,利用广播、电视、各种新媒体平台、版面,送宣传品到林区农户、学校等形式,大力宣传飞播造林成就和飞播管护的重要性。为了引起各级党政领导对飞播造林的重视和支持,先后请市委、市政府主要领导带队,组织有关局、委负责人到飞播区参观。省级领导到灵宝检查指导工作,看过焦村镇娘娘山、朱阳镇石板沟等播区后,不仅充分肯定了飞播造林成效,而且在财力和飞播管护等工作中给予了大力支持。为了加强播区管护工作,通过林业法规和管护制度宣传,使飞播区管护工作成为广大干群的自觉行动。

(2)抓组织机构,建设一支热爱林业、认真负责的管护队伍。飞播造林成败的经验表明:飞播造林成效能否巩固,要靠管护措施的落实,而落实的关键,在于领导重视,管护组织机构健全。从开始飞播,灵宝市就十分重视管护组织的机构建设。一年一度的飞播造林前,在市飞播造林指挥部领导下,召集播区乡镇安排飞播和播后管护工作。选择播区除考虑立地条件外,还要看乡村干部群众的积极性和重视程度。通过努力,市、乡、村层层建立了飞播管护体系,种子落地,管护上马,按照 3 000~5 000 亩(200~333.33 hm^2)配备一名专职护林员,1 000 亩(66.67 hm^2)以上配一名兼职护林员,全市现拥有专职护林员 43 名,兼职护林员 254 人。

(3)抓管护制度,坚持依法治林。依照播区管护布告和有关森林保护法规,从飞播之日起,播区死封 5~7 年,封山期内严格执行“六不准”制度,通过对违反“六不准”和毁林行为的严厉打击,有力地震慑了犯罪,对于毁林案件依法及时查处,保障了林区安全。

四、依靠科技创新

相对于传统粗放的造林方式来说,飞播造林是先进的机械化作业,在近 40 年的飞播造林工作实践中,不断地研究、推广应用先进技术,大大提高了飞播造林成效。结合实际,开拓创新,先后采取"烟雾剂、红白旗"导航,"对讲机"通信,逐步发展为 GPS 导航。GPS 卫星导航应用于飞播造林导航可以说是飞播造林的技术革命,该项技术的应用省去了航标线测设、人工地面导航等环节,避免了人工导航各个环节的人为误差,设计更方便、快捷,飞行更准确,播种更均匀,节省了大量的人力、物力。在种子处理上采用鸟鼠驱避剂和生根粉进行拌种,这样既减少了鼠鸟兽害,也提高了出苗率。多树种混播造林、飞播区补植补造侧柏、营养钵造林技术的应用,提高了林分抗御病虫危害、森林火灾的能力,使林种、树种结构趋于合理。先后开展的飞播林抚育间伐试验研究和推广,改善了间伐后的林分结构,调整了林分密度,从而大大提高了林木的生长速度,增强了林分抗性,减少了森林病虫害的发生,同时也增加了经济效益和社会效益。

五、强化信息管理

飞播造林是一项系统工程,必须把各个环节纳入项目管理的轨道,遵循"加强管理,播管并重,讲求实效"的工作方针,严格规范飞播造林管理。按照《河南省飞机播种造林管理办法》,建立健全飞播档案专柜,对于飞播以来的所有作业设计书、作业设计图、飞播工作总结、成苗调查报告、成效调查报告,以及有关飞播的文件、布告、会议材料等,全部整理归档,立卷保存。

第四节　存在问题及发展对策

一、存在问题

灵宝市飞播造林虽然取得了一定的成绩,但在飞播造林中还存在一定问题,主要体现在以下几方面:一是树种结构相对单一。从近年来飞播情况看,飞播树种结构相对单一,侧重于黄连木、臭椿、刺槐、栾树等乡土树种,适合灵宝市飞播的油松、侧柏等针叶树种所占比例较少,达不到多样性混交绿化的效果。二是技术力量不够强,没有专门的机构人员,接受技术培训也不够。三是近年来,部分播区存在着播后干旱、降雨量少等因素,对播区成效有较大的制约影响。

二、发展对策

(一)优化树种

在飞播树种选择上,加大油松、侧柏等针叶树种以及连翘、黄栌、火炬等彩叶景观树种比重,做到因地制宜,适地适树适播,突出飞播造林不但绿化更能美化的效果。

(二)精准施策

配合河南省林业调查规划院飞播站开展无人机精准飞播造林技术研究和探索,尽快将无人机飞播造林应用于灵宝市山区和丘陵区面积相对较小且分散的区域。

(三)强化宣传

2019 年是河南省飞播造林 40 周年,灵宝市加大宣传力度,在电视、广播、报刊以及网络平台上进行专版宣传,提高飞播造林在灵宝市的影响力。

第七章　飞播造林植就青山绿水(汝阳县)

汝阳县位于河南省西部,洛阳市南部,淮河支流北汝河上游,东接汝州,西临嵩县,南依鲁山,北连伊川。汝阳县第一个飞播期自 1981 年开始,1991 年结束,第二个飞播期 2007 年开始。截至目前,累计完成 13 个播区,飞播造林总面积 1.95 万 hm^2(不含重播面积),其中有效面积 1 万 hm^2。飞播造林大幅提升了森林覆盖率,在汝阳县造林绿化中担负着重要责任。

第一节　自然条件

汝阳县辖 13 个乡(镇),216 个行政村,2 212 个村民组,总人口 54.5 万人。全县土地总面积 13.32 万 hm^2,其中耕地面积 2.55 万 hm^2,林业用地面积 7.26 万 hm^2,其中有林地 5.97 万 hm^2,疏林地 0.16 万 hm^2,灌木林地 0.13 万 hm^2,未成林造林地 0.25 万 hm^2,苗圃地 0.38 万 hm^2,宜林荒山荒地 0.37 万 hm^2。

汝阳县地处秦岭余脉外方山北麓,大部分为强度切割的石质山区,山势陡峭,地形起伏连绵,沟壑纵横,河川狭窄,相对高差大,南部 4 条余脉向北逐降,北部大虎岭东西横卧,总的地形是南部群山耸立,中部丘陵起伏,北部滩地开阔,形成"七山二陵一分川"的地貌特征。汝阳县属暖温带大陆性季风气候,四季分明,冷热适中,特点是春暖多风,夏热多雨,秋爽日照长,冬寒雨雪少。年平均气温 13.5 ℃,年均降水量 669.1 mm,多集中在 7—9

月三个月,年均无霜期 215 d。植被类型属暖温带落叶阔叶林型。汝阳县适宜飞播造林。

第二节　发展历程

汝阳县的森林资源由于历史的原因,从新中国成立初期至三年困难时期再到“文化大革命”,几经大规模破坏,森林面积大幅度减少,生态环境恶化,水土流失严重,总面积达 4.67 万 hm^2。改革开放以来,特别是近年来,随着国家生态环境建设步伐的加快,县委、县政府带领全县人民大力开展植树造林活动,特别是“一退三绿”工作的开展,使汝阳县的造林绿化面积有了突飞猛进的增长,全县累计栽树 7 500 万株,造林面积增加近 1.33 万 hm^2,蓄积增长 25 万 m^3,水土流失状况得到有效治理。但是,全县水土流失仍有发生,每年流失泥沙达 58.58 万 m^3,治理水土流失的任务还相当艰巨。汝阳县宜林地面积较大,且大多在山高坡陡、地形复杂、人口密度小、人工造林难度大的石质山地,气候条件及自然植被良好,非常适合飞播造林。汝阳县第一个飞播期自 1981 年开始,1991 年结束;第二个飞播期 2007 年开始,目前共完成 13 个播区,在 9 个乡(镇)飞播 1.95 万 hm^2(不含重播面积),有效面积 1 万 hm^2,已成林 0.27 万 hm^2。飞播造林的成功,大大加快了汝阳县造林绿化步伐。第三个阶段为飞播模式转换阶段。为改变“运五型”飞机单一的飞播模式,2015 年 6 月开始,将直升机引入飞播造林,2019 年开展无人机精准飞播造林试点,试点面积 333.33 hm^2,开启了汝阳县无人机飞播造林的新篇章。

第三节　主要成就

一、加速了绿化进程

全县飞播造林以来,在 9 个乡(镇)飞播 1.95 万 hm^2(不含重播面积),有效面积 1 万 hm^2,已成林 0.27 万 hm^2。飞播造林使全县森林覆盖率得到很大提高。特别是对南部山区等海拔高、交通不便、荒山面积大、缺少劳力、经济贫困、人工造林困难的乡镇,更是发挥了重要作用。

二、优化了林种结构

通过飞播造林,增加了针叶林面积,调整了树种和林种结构,改变了县域森林资源分布不均的格局。树种结构由单一的阔叶林向针阔叶树种混交的合理配置的方向发展,增加了单位面积蓄积量和出材量,提高了木材质量和等级,天然林、人工林的比例也由飞播前的 98∶2 达到现在的 80∶20,森林群落结构得到优化,森林生态系统的稳定性和生物多样性得到加强。

三、增加了木材后备资源

为了改善天然林全面禁止采伐后木材供求矛盾日益突出的局面,汝阳县按照森林资源分类经营的原则,在 9 个乡(镇)规划建设了飞播用材林基地 10 万亩(0.67 万 hm^2)。

早期飞播的油松树高已达12 m，胸径16 cm，蓄积量超过120 m^3/hm^2。该基地将担负起向社会提供优质商品木材的重任，可极大地缓解因天然林禁伐而形成的困难局面。

四、改善了生态环境

通过飞播造林，全县减少水土流失面积80 km^2，气候明显得到改善，降雨量和空气湿度明显增加，山体滑坡、泥石流等灾害性天气减少30%左右，农作物增产约20.3%。生态环境的改善使野生动物种群和数量大幅增加，一些过去罕见的国家级保护动物如金雕、灰鹤、鹿等现在经常出没于飞播林区，野猪、野兔、红腹锦鸡更是成群结队出现。

五、促进了群众脱贫步伐

通过飞播林抚育间伐，共生产小径材0.28万余 m^3，薪柴584万kg，林农创收500万元。特别是，飞播造林使汝阳的生态环境日益优化，随之兴起的森林生态旅游业已成为县域经济新的增长极。位于飞播区的西泰山、龙隐为国家4A级景区，依托优美的生态环境、凉爽适宜的气候而发展起来的付店镇牌路、泰山、西坪等乡村旅游、森林养生、全域旅游等旅游项目方兴未艾，已成为汝阳精准脱贫的重要途径。毫不夸张地说，飞播造林为山区林农脱贫致富打下了良好的物质基础，已成为真正的“绿色银行”和“摇钱树”。

第四节　基本经验

一、领导重视是基础

自汝阳县实施飞播造林以来，县委、县政府高度重视，一是成立由县政府主管领导任组长，林业、财政、气象等有关部门参加的飞播造林工作领导小组，一手抓飞播造林，一手抓基地建设；二是强化宣传，通过电视、报纸等新闻媒体，加大飞播造林宣传力度，形成全社会关注、支持、参与飞播造林的舆论氛围。

二、科学作业是关键

飞播造林能否成功，播前准备和飞播作业是关键。一是科学规划。播区的选择合理与否，飞播树种的选择、飞播作业时间的确定都直接影响飞播成效的高低，每年的飞播作业设计都要组织工程技术人员对播区进行全面踏查，并根据播区的自然环境、立地条件等确定播区的位置。在树种的选择上，按照适地适树的原则，选择油松、侧柏、黄连木、臭椿等乡土树种作为飞播造林树种，有效提高了飞播成效。在播期的选择上，按照省、市气象资料，合理确定适宜的播种时间，做到播前有墒、播后有持续阴雨天气，确保飞播质量和成效，汝阳县选择的播期一般在6月。二是保障飞行作业。积极与航管、机场、机组等部门进行协调沟通，争取支持，确保飞播时间、飞行安全和飞播质量。三是加强质量检查。组织专业技术人员对飞播种子、飞播出苗率、飞播成效等进行全面监督、检查，以确定飞播成效。

三、加强管护是保证

一是签订合同。播前，汝阳县林业局与播区所在林场签订飞播造林合同书，明确双方责任，配备专职护林员，建设管护设施，促使林场做好播后管护工作。二是加强宣传。利用电视、广播、宣传车等舆论宣传工具，加强宣传教育工作。在电视台发布公告，大力宣传飞播造林的重大意义和有关注意事项，争取社会各界对飞播造林的支持。出动宣传车，在播区进行流动宣传，提高播区群众参与飞播造林的积极性，确保造林成效。三是树标立界。在飞播施工作业前，对播区四周树标立界，划封山线，实行"死封5年，活封7年"。在死封期间，坚决实行播区"六不准"，即不准放牧、不准开荒、不准杀条、不准采石、不准取土、不准挖药，真正做到"种子落地，管护上马"，达到飞播一处，成林一片。四是播区防火。在建立健全森林防火行政领导责任制和责任追究制的基础上，进一步加强对播区的防火工作。实行护林员巡逻制度和区域联防制度，重点加强对播区所在地中小学生及有行为障碍人员的管理。防火期严禁火源进山。重点火险期对重点部位要死看硬守。同时，可利用自然地形，在山脊和道路开设防火隔离带，以便形成防火阻隔网络，确保不发生火情。五是虫鼠防治。做好播区病虫鼠害的监测预报工作，及早发现，综合防治，建立以护林员为主的病虫鼠害防治队伍。六是补植补造。播后3~5年内，要根据出苗情况，对缺苗地段进行补植补造，对密度大的地方要疏苗定株。

第五节　存在问题及发展对策

一、存在问题

(1)宜播区多为困难造林地且相对分散。

通过多年来的林业生态建设及飞播造林，汝阳县剩下的多为立地条件差的困难造林地，难啃的硬骨头，且宜播区相对分散，不集中，飞播树种结构相对单一。

(2)飞播造林经费短缺。

一是受种子价格及飞行费用上涨等影响，加之需要种子处理，飞播造林经费远远不能满足实际需要；二是由于宜播地多为困难地，要提高飞播成效，需要在地面进行破土、扩穴等土壤处理，增加了飞播造林的投入成本；三是部分已郁闭的林分密度过大，林木个体生长竞争十分激烈，出现个别林木生长衰弱、死亡等现象，由于没有后期管理经费，难以及时进行补植补造和抚育管理。

(3)林牧矛盾突出，森林火灾频发。

山区放牧是群众脱贫致富的途径之一，但幼林地放牧危害极大，尤其牛羊放牧对幼苗、幼树造成致命威胁，其所过之处幼苗死的死，伤的伤，造林成果灰飞烟灭，即便剩一少部分，也多长成"小老树"。冬春季森林火灾频发，严重制约着林业的发展，尤其是飞播林，除人为因素外，由于林分密度过大，枯枝落叶层厚，常会引起森林火灾发生。

二、发展对策

（一）加强领导，部门配合

飞播造林是一项全社会受益的公益事业，要把飞播造林列入造林绿化的重要议事日程，切实加强领导，明确专人管理，做好飞播作业设计、飞播用种、资金投入、技术指导等方面的工作。要主动与当地有关部门协调，积极争取市、县财政的大力支持，落实好飞播配套资金，多渠道、多层次积极筹措飞播造林资金，想方设法解决飞播资金投入不足的问题，确保每年飞播造林施工作业正常有序开展。

（二）依靠科技，提高成效

飞播造林是一项技术性很强的工作，必须把依靠科技进步贯穿于飞播造林的全过程，落实到每个生产环节。近年来，全省大力推广应用“3S”新技术、鸟鼠驱避剂拌药处理、直升机飞播应用等，提高了飞播造林成效；针对飞播造林技术中的难点和薄弱环节，汝阳县积极探索、深入研究，加强飞播树种选择、膜化和丸粒化处理、播前地面处理、无人机应用等技术难题的协作攻关，破解影响飞播成效的制约因素，不断提高飞播造林的科技含量；针对汝阳县宜播区多为困难造林地且相对分散的实际情况，积极配合省林业厅采用无人机飞播新技术，实施精准造林，确保剩下的零碎造林地全部得以绿化，持续发挥飞播造林速度快、工效高、成本低的优势，提高飞播成效。

（三）加强管护，巩固成果

飞播造林是基础，管护是关键。各地要牢固树立“一分造，九分管”的指导思想，积极争取管护资金，播后落实管护责任，实施封山育林，聘用护林员定期巡护。争取省、市配套资金，在成效调查的基础上，开展飞播林补植补造工作，确保造林成效。要重视和加强飞播林的前期管理及补植补造工作，推广“播封结合、以播促封、以封保播”的成功经验，不断巩固和提高飞播造林成效。

（四）加强宣传，营造氛围

要充分利用广播、电视、报纸、网络、微媒等现代传媒信息平台，开辟形式多样的宣传渠道，引导全社会充分认知飞播造林的特殊优势和重要作用，增强责任感和使命感，积极投身和支持飞播造林事业；要广泛宣传本地区、本部门飞播造林的突出典型、先进经验，大力表彰先进集体和先进个人，鼓舞斗志，调动一切积极因素，提高飞播造林的质量和效益，进一步营造飞播造林浓厚氛围。

第八章 播撒绿色希望(卫辉市)

自从1982年开展飞播造林以来,飞播造林已成为卫辉市造林的三大方式之一,为卫辉市荒山绿化做出了重要贡献。抓住卫辉创建省级森林城市建设这个大好机遇,认真总结与回顾,使飞播造林事业健康、稳定、快速发展,为国民经济建设起到积极推动作用。

第一节 基本情况

卫辉市属于太行山东麓,全市分为山地、山前倾斜平原、平原,其中:山地面积2.58万hm^2,占29.8%,海拔201~1 069 m;山前倾斜平原面积1.58万hm^2,占18.3%,海拔81~200 m;平原面积4.48万hm^2,占51.9%,海拔63~80 m。全市相对高差为1 006 m,地势由西北向东南自然倾斜,境内山峦起伏,沟壑纵横,地形复杂,全市具有西部低山丘陵、中部倾斜洪积平原、东南部冲积平原及黄河故道三大地貌类型。

卫辉市属暖温带大陆性季风气候,其特点是春季干旱多风,夏季炎热多雨,秋季昼暖夜寒温差大,冬季寒冷少雨雪,四季分明。年平均气温11.9 ℃,全年日照时数2 573.1 h,年平均无霜期为201 d,平均降水量420 mm,多集中在6月下旬至9月上旬三个月。因降水集中,山区水土流失严重,旱涝灾害频繁。

由于自然条件差异较大，土壤种类也比较复杂，据调查，全市可分为褐土、潮土、风沙土3大土类，8个亚类，23个土属，99个土种。褐土类主要分布在低山丘陵区、山前倾斜平原和山前洼地，面积5.39万hm^2，占全市总面积的62.5%；潮土类分布在卫河以南至黄河故道以北的冲积平原，面积3.13万hm^2，占全市总面积的36.3%；风沙土类分布在黄河故道区，面积0.103万hm^2，占全市总面积的1.2%。

卫辉市分属黄河流域及海河流域，境内主要河流为卫河、东孟姜女河、共产主义渠、沧河、香泉河、十里河、大沙河、南长虹渠、北长虹渠等河渠，境内地下水分为贫水区、弱水区、富水区。贫水区分布在西北中低山和丘陵山区，地下水埋藏深度多在60 m以下；弱、富水区在中部，地下水埋深数十米；富水区分布于卫河冲积平原、黄河冲积平原区，以及沧河、共产主义渠两侧，地下水埋深4~17 m。

卫辉市属暖温带落叶阔叶林区，植物种类繁多，植被有天然次生栎类林和灌木林，油松、侧柏、刺槐、黄楝及其他阔叶混交林，由马角刺、黑荆条、酸枣、黄栌柴、绣线菊、白草、羊胡草、地柏等植物组成。

播区内野生动物资源丰富，共有动物118种，其中兽类5目7科11种，鸟类15目30科89种，两栖类1目4科7种，爬行类3目6科11种。有国家二级保护鸟类松雀鹰等，一般常见的动物有野兔、野鸡、蛇类、猪獾、狗獾、黄鼠狼、刺猬以及多种鸟类。播区沟溪内，鱼类品种很多，有12种，隶属3目5科，主要有草鱼、鲇鱼、鲫鱼、鲤鱼等。

卫辉市辖13个乡(镇)347个行政村，全市总人口47.6万人，其中农村人口37.8万人，全市土地总面积8.64万hm^2，其中：耕地面积3.83万hm^2，林业用地2.57万hm^2。工农业总产值333 120万元，农林牧业产值154 697万元，其中：农业产值49 215万元，林业产值1 388万元，牧业产值63 149万元，其他40 945万元，粮食总产量28 210万kg，人均年收入2 353元；交通发达，京珠高速、济东高速、107国道、京广铁路等国道、省道贯穿东西南北；农村能源利用也有较大发展。

根据市级森林资源清查结果，卫辉市林业用地25 661.07 hm^2，其中：有林地9 255.48 hm^2，疏林地72.58 hm^2，灌木林地4 459.38 hm^2，未成林造林地1 852.94 hm^2，宜林地9 984.36 hm^2，苗圃地36.33 hm^2，活立木蓄积24万m^3。

第二节 历程及成就

40年来，卫辉市飞播造林取得了显著的成效，主要表现在以下几个方面。

一、加快了造林绿化步伐

卫辉市自1982年开展飞播造林以来，主要涉及狮豹头乡海拔较高的深山区、太公镇的丘陵区。据统计，近40年共设计38个播区，共完成飞播造林面积2.52万hm^2(含重播)，宜播面积2.02万hm^2，经成效调查，成林面积1.23万hm^2。飞播树种主要有黄连木、楝树、油松、臭椿等。播种期主要集中在雨季，作业质量、种子质量都达到了优良，使卫辉市的原东拴马乡的森林覆盖率由1984年的4.3%提高到了目前的43.6%，而林木覆盖率高达80%，发挥了明显的生态、经济、社会效益，使边远荒山呈现出葱葱郁郁的景象。飞播造林以其独有的多、快、好、省的优势和工效，在卫辉市的造林绿化中发挥了重要的作用。

二、改善了山区生态环境

飞播造林形成的林区，在涵养水源、保持水土、防风固沙、调节气候、改良土壤等方面，发挥了显著的生态效益，保障了水利设施效能的发挥，促进了农牧业的稳产高产，为山区的农民真正建起了“绿色银行”。另外，卫辉市飞播造林减少水了土流失面积，使飞播受益区的生态环境得到了明显改善，为农业的高产、稳产和促进当地的经济发展建起了一道绿色屏障。卫辉市飞播造林面积累计达到 2.52 万 hm^2，减少水土流失面积 252 km^2，调节水量 4 440.9 万 t，森林固土 199.5 万 t，固碳 5 万 t，释放氧气 15.1 万 t，总生态价值量达 6.6 亿元，极大地改善了生态环境。

三、取得了丰硕的科研成果

卫辉市飞播造林工作始终把依靠科技进步贯穿整个过程，也是实践—研究—推广—提高的过程。根据气候特点和自然条件，合理地进行了飞播类型区划分、播种期确定；开展了树种选择、播种量、种子保护、地面植被处理、幼林抚育、病虫害防治等课题的试验研究，均取得了突破性进展，及时解决了生产中的难题。2015 年，通过采用直升机飞播，改变了“运五型”飞机单一的飞播模式。2019 年，在龙卧岩飞播区，除直升机飞播造林外，又利用无人机精准飞播造林面积 10 hm^2，开启了卫辉飞播造林的新时代。

在继续扩大飞播战场的同时，又增加飞播了苦楝、臭椿、刺槐等树种，实现了由单一树种向多树种混交的转变；2006 年，响应国家节能节耗号召，飞播黄连木，当年出苗率达 40%以上，取得了显著的成效。飞播造林的实施，加快了卫辉市的荒山绿化步伐，促进了当地森林旅游业的蓬勃发展，涌现了一批以跑马岭省级森林公园、龙卧岩省级森林公园为代表的飞播区景点。

第三节　基本经验

一、领导重视，明确责任

各级党委、政府给予高度重视和支持，专门成立工作组，召开飞播造林筹备会议，主要领导亲自动员部署工作。分设现场指挥所，分工不同、统一协调和责任明确、奖惩到人，形成系统的管理和运作模式，保证了飞播工作的顺利进行。

二、扩大宣传，提高认识

利用电视、广播、标语、宣传车等各种形式，采取走林区、进学校、到街道等有效方式，在全市范围内广泛宣传飞播造林的重要性、优越性、科学性和紧迫性，使各级领导和广大干部群众充分了解飞播造林知识和作用，进一步提高认识，积极承担自己应尽的责任和义务，全力支持和投身飞播造林事业。

三、贯彻政策，规范管理

严格按照国家林业局、财政部等五大部门《关于进一步加强全国飞播造林工作的决定》要求，对飞播造林实行项目管理，坚持按规划设计、按项目审批、按设计施工、按工程验收的原则。实行项目行政、技术和施工负责人制度，层层签订责任书，明确职责，奖罚兑现。加强对飞播造林每个环节的检查验收，建立健全各项规章制度，实现规范化管理。

四、科学作业，坚持创新

在对飞播成效林进行割灌、间苗和定株的基础上，坚持林业经营的原则和要求，对飞播成效林进行探索性抚育管理。每年的飞播作业设计都要组织工程技术人员对播区进行全面踏查，并根据播区的自然环境、立地条件确定播区位置。在树种选择上，按照适地适树的原则，选择油松、侧柏、黄连木、臭椿、刺槐等乡土树种作为飞播造林树种，有效提高了飞播成效。

五、制定措施，加强管护

飞播作业结束后，严格要求当地政府及时制定管护制度，建立管护组织，确定管护人员，签订管护责任状，印发护林公约，将管护与经济利益直接挂钩，实行封山育林，全封6年，半封3年，并积极组织群众搞好防火、森林病虫害防治及补植补造工作，力求使飞播造林早见成效。

六、完善档案，加强管理

高度重视飞播造林档案管理工作，做到与飞播造林工作进展的各个环节同步。对工作过程中直接形成的各种文字、图表、证卡、声像等资料实行集中统一管理，并保证档案工作所需要的人员、资金、设施和设备。在加强常规档案管理的同时，采用先进技术和手段，逐步实行档案的数字化和网络信息化。

第四节　经营管理

飞播造林的特殊性，造成了飞播林分与天然林分和人工林分相比，有其独特的林分特征。对飞播林进行系统有效的经营管理，是一项重要的工作。经过近40年的摸索实践，形成了一套具有地方特色的管护、经营、管理模式，起到了良好效果。

一、播区管理

一是建立护林组织，落实护林人员。通过建立一整套的管护体系，制定各种行之有效的管护制度，同时制定监督措施，保证管护制度的落实，真正做到播后死封6年，确保飞播成效。二是开展封山护林。在飞播区广泛开展爱林、护林宣传教育活动，建立健全各项封山护林责任制。三是开展播区补植补造。飞播林受立地条件影响，往往出现稠稀不均和林中大块空地。为提高播区整体效益，开展了以阔叶树为主的播区补植补造。

二、林区建设

一是防火设施建设，完成各播区防火线和营造生物防火林带总体规划，在每年的营造林中加以实施。设置瞭望台、瞭望哨。在播区的主要进出路口，设立护林防火检查站。二是加强播区病虫害测报和防治。贯彻以预防为主、积极消灭的方针，同时建立健全病虫害预测预报体系，配备2~3名技术人员，购置相应的器具，做到预报准确、上报及时。

三、建立飞播林经营档案

在完成播区经营区划的基础上，逐步建立了飞播林经营档案，包括县、乡经营档案和林班经营档案，飞播区调查、飞播成效调查、飞播林基地规划设计结合起来同时建立，指定专人负责，永久保存，为进一步搞好飞播林的经营管理提供科学依据。

第五节　存在问题及发展对策

一、存在问题

（1）宜播区多为困难造林地，林内卫生状况极差，都是些难啃的硬骨头。

（2）飞播造林经费短缺，远远不能满足实际需要。

（3）部分已郁闭的林分密度过大，林木个体生长竞争十分激烈，出现个别林木生长衰弱、死亡等现象，急需加大抚育间伐力度；某些林区林木被压木、纤细化数量明显过多，树冠偏倚，需要进行修枝抚育；成林的树种多为油松纯林，树种单一。

（4）山区放牧是群众脱贫致富的途径之一，幼林放牧危害极大，会造成幼苗死的死，伤的伤；冬春季森林火灾频繁，严重制约林业的发展，飞播林分密度过大，枯枝落叶层厚，常会引起森林火灾发生。

二、发展对策

（1）做好飞播林适生区筛选。通过1982—2019年卫辉实施飞播造林积累经验分析，卫辉市飞播造林适生区主要分布在狮豹头乡浅山区以及太公镇部分丘陵区，上述区域是侧柏、油松、盐肤木、黄连木、漆树等宜飞播树种适生区。

（2）加强后期经营管理力度。飞播造林是基础，管护是关键。要牢固树立“一分造，九分管”的指导思想。积极争取管护资金，播后落实管护责任，实施封山育林，聘用飞播林护林员定期巡护。重视和加强飞播林的前期管理及补植补造工作，推广“播封结合、以播促封、以封保播”的成功经验。同时，加强飞播林经营管理技术科研工作，将科研成果不断应用于生产实践。

（3）推动无人机精准飞播造林。目前，针对卫辉市集中连片的宜林荒山荒地很少，所剩无几的荒山都是零星困难地的实际情况，下一步，卫辉市将积极配合省飞播站采用无人机飞播新技术，实施精准造林，确保剩下的零碎宜林荒山荒地造林地全部得以绿化，持续发挥飞播造林速度快、工效高、成本低的优势，提高飞播成效。

第九章　飞播造林植绿荒山(洛宁县)

第一节　自然条件

洛宁县地处河南省西部,地理位置为北纬34°05′29″~34°37′39″,东经111°07′47″~111°49′30″。北接陕县、渑池,南连栾川、嵩县,东与宜阳毗邻,西与卢氏相依。土地总面积230 590 hm^2,其中山区面积占72%,丘陵、塬区占19%,川涧区占9%。县城位于洛河川区中部,距洛阳89 km,距省会郑州195 km。

洛宁县南有熊耳山,北有崤山,两山均为秦岭余脉。南、北、西三面群山耸立,形成了南北高、中间低、西高东低的"箕"形地势。最高海拔全宝山主峰2 103.2 m,最低处海拔仅为276 m,相对高差变化大,地形复杂,中山、低山、丘陵、平川俱全,主要有以下三种:①环县南、西、北三面的山区。山峦起伏,层峦叠障,沟深坡陡,地势险峻,森林植被保存较好,为县内河流的发源地。②洛河南北两侧黄土丘岭区。有深厚的黄土覆盖,塬、梁、峁皆有,沟壑纵横,地貌形态甚为破碎。③中部洛河、涧河两岸平川区。该区由河流长期冲刷形成,地势平坦,土层深厚,土质肥沃,为主要农耕区。

洛宁县属暖温带季风型大陆性气候,季节性变化明显,春、夏、秋、冬四季分明。春旱多风,夏热多雨,秋爽日照长,冬长寒冷少雨雪。年平均气温 13.7 ℃,年均日照 1 967.1 h,最冷月平均气温 0 ℃,最热月份平均气温 26 ℃,日均温≥10 ℃的积温为 4 450 ℃,≥20 ℃的积温为 2 760 ℃,年均无霜期 213 d。年均降水量 551.9 mm,最多年份为 798.1 mm(1996 年),最少年份为 298 mm(1997 年),90%的年份保证率为 400~700 mm,降水季节分布为春季占 22%,夏季占 51%,秋季占 21%,冬季占 6%。

洛河是黄河主要支流之一,也是洛宁县的最大河流。自西向东纵贯全境,流经洛宁境内干流长度为 68 km。在长水乡龙头山以上,洛河穿越峡谷,河谷平均宽 200 m,龙头山以下,河谷及一级阶地宽 2~5 km,正常水面宽 120 m 左右。洛宁境内洛河有 35 条较大支流,由南北呈鱼翅状依次注入洛河,构成以洛河为主体的洛宁水系网络。较大的支流有渡阳河、连昌河、寻峪河等。

由于地形、地势不同,土壤分布规律具有明显差异。深山区主要为山地棕壤和少量淋溶褐土,浅山丘陵区分布大面积褐土,洛河两岸阶地的肥农田亦属褐土,局部低洼地带分布着潮土和湿潮土。土壤的结构变化与地形地貌和海拔高低有一定关系,特别是山地棕壤,表现出明显的垂直地带性;其分布趋势由高到低为棕壤、淋溶褐土、始成褐土、褐土、碳酸盐褐土、黄潮土、湿潮土。

洛宁县地处亚热带向暖温带过渡地区,气候温暖湿润,地形高差大,小气候显著,是南北方植物混杂的过渡地带,植物区系比较复杂。既有丰富的华北区类型植物,又有华中、华南等区类型植物。根据河南大学环境与规划学院调查资料,该区有维管束植物 376 种,分属 89 科 224 属,其中蕨类 9 科 13 属 14 种,裸子植物 3 科 5 属 8 种,被子植物 77 科 206 属 354 种。含种数较多的科有蔷薇科 32 种、菊科 24 种、百合科 18 种、毛茛科 17 种、禾本科 14 种、壳斗科 11 种、虎耳草科 9 种、槭树科 8 种等。

总体上,洛宁县植物区系成分分属于泛北极植物区的中国—日本植物亚区。泛北极植物区的典型代表科杨柳科、桦木科、胡桃科、槭树科、蔷薇科、毛茛科、禾本科、壳斗科等科的植物广为分布。构成本区群落的主要建群种就分属于这些科。油松、粗榧、千金榆、槲栎、栓皮栎、麻栎、枫香、臭椿等中国—日本植物亚区的特有种则进一步标明了洛宁县的植物区系。

洛宁县野生动物资源丰富,据专项调查,洛宁县有鸟类 15 目 30 科 80 种,兽类 6 目 14 科 24 种,两栖类 2 目 3 科 5 种,爬行类 3 目 5 科 8 种。其中:国家一级保护动物有金雕、金钱豹、梅花鹿 3 种;国家二级保护动物有大天鹅、鸳鸯、鸢、苍鹰、红角隼、红腹锦鸡、灰鹤、雕鸮、红角鸮、豺、水獭、青鼬、金猫、原麝、青羊、大鲵等;河南省重点保护动物有凤头鸊鷉、大白鹭、苍鹭、普通夜鹰、白胸翡翠、三宝鸟、黑枕黄鹂、红嘴山鸦、画眉、鼢鼠、豪猪、赤狐、豹猫、黑斑蛙等;河南省一般保护动物 81 种。

第二节　发展历程

洛宁县飞播造林按导航方式分两个阶段,2000 年前采用人工地面信号导航作业,飞播前测定航标线并打桩标记,飞播时信号人员预先站在测设的航标点位置,做好准备。当飞机到达播区前几分钟时,信号员就要面对飞机摆动信号旗、施放烟雾,引导飞机提前摆正方向，对准信号进入播区压标飞行作业。2000年后，应用GPS导航作业，按照设计的播区位置和设计要素，设置好航线和航点，分播区精确计算出每条播带两端的经纬度，输入安装在飞机上的GPS信号接收机，使用航迹图或偏航角和偏航距等相关数据进行准确飞行导航作业。

按作业飞机类型也分两个阶段，2017年前，使用固定翼飞机，如"运五型"飞机。2018年开始使用直升机进行飞播作业。

第三节　建设成就

一、加快了造林绿化步伐

2003—2019年完成飞播造林1.13万hm^2，宜播面积0.97万hm^2，其中成效面积0.37万hm^2。大规模的飞播造林，加快了洛宁县荒山绿化进程。飞播造林深入洛宁边远山区，给交通不便、造林难度大的深山地区播撒绿荫，扩大了可造林范围，加速大面积环山绿化。

二、有效改善了重点地区生态状况

多年来，通过开展飞播造林，有效增长了生态脆弱地区的林木植被覆盖率，促进了这些地区生态状况逐步好转，使昔日的荒山秃岭变成了满目青山，有效控制了水土流失，自然环境得到了有效改观。

第四节　基本经验

一、加强领导，依靠群众

飞播工作要做好，领导重视是关键。林业局党委重视飞播造林工作，每年飞播前，成立飞播造林指挥部，主要领导任组长，相关乡镇、村也都成立相应机构，固定专人负责飞播造林，加强了对飞播造林工作的领导。同时，为了充分发动和组织广大群众，一是加强宣传，提高群众认识，通过多种形式，宣传飞播造林的意义和好处，提高群众参加飞播造林的积极性和自觉性；二是认真贯彻政策，维护林农利益，坚定群众信心。

二、因地制宜，合理设计

播区作业设计合理与否，直接影响飞播成效。飞播造林多年来，在省林业厅飞播站、市林业局规划站的指导下，洛宁县林业局组织技术人员，按照"因地制宜、适地适树、宜飞则飞、宜封则封"的原则，合理布局，科学设计。根据播区立地类型确定播区，选择当地优良的适宜树种作为飞播种子，使各播区的设计质量都达到省定要求。

三、加强管护，确保成效

因地制宜、科学规划是飞播的基础；多方协作，抓住有利时机完成飞播是关键；加强管护、提高成效是手段。播区管护一直是飞播成功的重要保证,多年来,洛宁县林业局严格加强飞播造林管理,做到种子落地,管护上马,认真制定和落实管护措施。乡、村建立飞播管护组织,确定专职护林员,层层签订管护合同。播区内按每2 500亩(166.67 hm^2)配备1名护林员。严禁在播区砍材、挖药、开矿、采石、开荒、烧山,播区内的耕地一律退耕还林,死封3~5年。

第五节 存在问题及建议

一、资金投入是飞播后续经营管理的关键

飞播后续资金严重不足,县财政无力支持,省市无后续资金补助,导致飞播林抚育措施后继乏力。建议今后加强资金筹措,争取政府和社会广泛支持,提高飞播造林的资金投入。

二、加强播区管护

播后管护是关键,一方面落实封育措施,巩固和提高飞播成果。另一方面,在飞播林区,针对林中空地和隙地,建议采用乡土树种或彩叶树种进行补植补造,注重飞播林区的景观美化。

第十章　银鹰播种　绿满山川(淇县)

淇县位于河南省北部,太行山东麓,隶属鹤壁市。淇县飞播造林工作在省林业厅、省飞播站和上级林业部门的关心与支持下,1984 年在纣王殿播区进行试播,1989 年开始在西部山区全面实施了飞播造林,累计完成飞播造林 1.67 万 hm^2(不含重播面积),其中成效面积 0.62 万 hm^2,森林覆盖率增加 11%,为淇县森林面积和森林蓄积双增长做出了重要贡献。

第一节　基本情况

淇县位于河南省北部,太行山东麓,地处北纬 35°30′~35°48′和东经 113°59′~114°17′。辖 1 乡 4 镇 4 个办事处,176 个行政村,总人口 29.7 万人。淇县地处太行山区和豫北平原交接地带,地貌类型比较复杂,山区、丘陵、平原均有。全县地势是西北高、东南低,最高海拔 1 019 m,最低海拔 63 m,两地相对高差 956 m。

淇县属暖温带大陆性季风气候,四季分明。其特点是:春季干旱多风,夏季炎热雨水集中,秋季凉爽季短,冬季少雪干冷。全年日照 2 348.3 h,日照百分率为 53%。年均降水 671 mm,年际间变化较大,最高年份 1 146 mm,最低年份 306.6 mm,多集中于 7 月、8 月两月,占全年降水量的 60%以上。

淇县土壤共有褐土、潮土两大类。褐土分布广泛,占总面积的 90%左右,西部山丘区均属褐土，潮土分布在淇河沿岸，呈狭长带状分布。淇县属暖温带落叶阔叶林地带，植物种类繁多。由于人为的垦殖和活动，自然植被已被人工植被替代，植被总盖度50%以上。

淇县山区宜林地集中、面积较大，地区偏远，坡陡，雨期集中，适宜于雨季实施飞播造林。

第二节　发展历程

淇县飞播试点于1984年，受制于经验、条件等，没有开展大面积飞播造林。1985—1988年停播，随着飞播经验的成熟、社会经济的发展，1989年淇县重启了飞播造林，1989—1996年实施了第一期飞播，1997—2007年停播，2008—2019年实施了第二期飞播，其中2018年、2019年两年采用直升机飞播造林。历经多年飞播经验积累，飞播造林技术更加成熟，飞播质量进一步提高，飞播时间更加灵活，主要表现为：导航方式经历了人工导航向GPS导航转变；飞播机型由“运五型”固定翼飞机向直升机飞播转变；飞机起降由固定机场向临时停机坪起降转变；飞播区由集中飞播向多区域精准飞播转变；飞播精准度和飞播质量越来越高，飞播种子处理越来越科学，种子保护剂和绿色植物生长调节剂技术得到全面应用，种子发芽率显著提高，为淇县国土绿化增添了新动力。

第三节　取得成效

淇县飞播造林经过试验、总结、研究、推广，不断得到提高和发展，取得了令人瞩目的成就。一是加快了国土绿化进程，显著增加了森林资源。全县累计完成飞播造林1.67万hm^2（不含重播面积），其中成效面积0.62万hm^2，占淇县人工林保存面积的1/5，为淇县森林面积和森林蓄积双增长做出了重要贡献。二是有效改善了重点地区生态状况。通过开展飞播造林，有效增加了生态脆弱地区的林木植被覆盖率，促进了这些地区生态状况逐步好转，使昔日的荒山秃岭变成了满目青山，林草覆盖率提高了近45个百分点，有效控制了水土流失，自然环境向良性发展。三是促进了山区群众的脱贫致富，为社会主义新农村建设增力。一方面通过飞播造林提高了山区的林木覆盖率，另一方面飞播造林的施工和管护为山区群众提供了就业机会，促进了山区群众脱贫致富。

第四节　主要经验和做法

一、领导重视作保障

县委、县政府把飞播造林作为林业生态建设的重要方法和手段，成立以主管副县长为指挥长，各相关单位为成员的飞播造林指挥部。有关部门通力合作，公安、气象、农业、水利、国土等部门密切配合，为淇县飞播造林事业提供了有力保障。县政府与各乡镇、乡镇与村层层签订飞播造林目标管理责任书，明确责任范围。县林业部门组织20余人，成立了规划设计组、质量检查组、后勤保障组和机场服务组4个工作小组，细化分工，明确责任，全力保障飞播造林工作的顺利开展。

二、科学规划是基础

飞播造林的规划设计关系到飞播的成败。淇县严格按照《河南省飞机播种造林工作细则》要求，认真踏查选播区，科学规划播种时间，认真设计播种量和播带，谨慎选择树种，大力推广先进技术，尤其是种子处理技术和GPS技术的应用，全面提升了飞播造林的质量，并大量减少施工的人力。科学的规划设计为飞播造林的组织实施打下了坚实的基础。特别是2018年、2019年淇县采取了小型直升机飞播造林，造林更加省时、省劳力，飞播效果更好。

三、严谨施工保质量

飞播施工作业直接影响飞播造林的成苗成林质量。淇县在飞播造林工作中，不断改进工作方法，提高工作效率，严把施工的各个环节。相继出台了飞播造林工程管理办法和质量管理办法，完善了飞播造林标准体系，并在生产中推行检查验收制度和技术监理制度。对制约飞播造林成效的地面处理、飞播种子质量和播后管护等关键环节进行联合检查，不符合质量要求的，及时纠正。在机场施工中派员跟班作业，进行技术指导和技术监理，严把施工质量关。

四、强化管护求成效

搞好播区管护是确保飞播造林成效的根本措施。为此淇县探索了“封山禁牧，抚育管护，专群结合”的飞播造林管护机制。一是组建管理机构。淇县组建了飞播造林工作站，专职负责飞播造林工作。二是全县范围内全面实施封山禁牧，为飞播林的生长创建良好的生长环境。三是对飞播造林地实行专业护林队管护和群众护林员抚育管理相结合的办法。淇县成立了专业的护林队负责全县范围内飞播林地的日常巡逻看护。各村每500亩（33.33 hm^2）选派一名护林员负责林地的抚育管理，确保飞播林的成效，做到了县有管理机构、乡有护林组织、村有护林员。四是完善管护机制。淇县非常重视飞播后的管护工作，把管护制度的建立、管护责任的夯实、管护措施的落实当作重头戏来唱。所有播区一播就封，死封5年，严禁人畜进入播区，确保了飞播幼苗的正常生长。管护责任制的形式多种多样，有“分片划段、固定专人、责任包干”，有“成立乡村林场，集体管理”，采取“专业队管护”和“村、组、群众管护”相结合。

五、飞造并举提档次

为确保飞播造林区成林，见成效，必须适时开展人工补植补造工作。在造林过程中，结合树种分布情况，积极营造火炬、黄楝、椿树等混交林，改善林分结构；在播区试验并推广椿树点播造林，实行覆草保墒等简单有效的造林技术措施，有效提高造林成活率；在油松飞播造林纯林区，科学合理调整树种结构，把生态效益和经济效益相结合，大力补植黄楝、刺槐、花椒等树种，增加林农收入，提高经济效益。补植补造工作的开展，不仅巩固提高了飞播成效，调整了林分密度，达到了连片成林的目的，同时也增强了林分的抗逆能力，

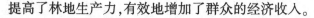

提高了林地生产力，有效地增加了群众的经济收入。

淇县飞播造林工作经过30多年的发展，积累了一些经验，取得了显著成绩，这是省、市林业主管部门大力支持的结果。要以此为契机，加大飞播造林工作力度，探索和研究飞播造林种子处理技术、植被处理技术，不断丰富飞播造林树种，健全和完善飞播造林管理和管护机制，提升经营管理水平，确保飞播造林成效，努力为森林河南和生态文明建设做出更大贡献。

第五节　存在问题及发展对策

一、存在问题

飞播造林具有省时、省力、省钱的特点，淇县飞播造林30多年来，虽然取得了明显成效，对淇县国土绿化工作起到了积极作用，做出了积极贡献，但也存在一些问题需要解决。一是自然原因，飞播容易受长期干旱天气、植被盖度的影响，苗木发芽率和成苗率都受到一定影响。二是后期管理问题。主要是飞播后没有及时对幼苗进行管护和抚育，幼苗生长和成活受到影响；幼林缺乏管理，森林质量不高。

二、发展对策

(1)加强绿化宣传，提高群众绿化意识。通过电视、宣传栏、标语等方式积极宣传，打造飞播造林在国土绿化中的新形象，赢得社会各界特别是播区群众的关注、关心和支持，营造飞播造林工作的良好氛围，增强群众爱绿护绿意识。

(2)加快绿化步伐，提高建设成效。积极开展困难地飞播造林工作，确保荒山绿化全覆盖。针对淇县集中荒山人工造林困难的地段，发挥飞播造林速度快、工效高、成本低的优势，积极采用直升机和无人机飞播新技术，对困难荒山和小片荒山实施精准造林，确保剩下的困难造林地和小片造林地全部得以绿化，提高绿化效果。

(3)强化后期管理，提高飞播质量。一是雇用人员对幼苗和飞播造林地进行管理，成苗较差的及时进行点播、补植等，增加成林率；二是对幼苗及时进行割灌除草管理，提高成苗、成林质量；三是多方筹资，整合管护资金，加大资金投入，确保播区经营管理到位，为居民提供一个山清水秀的休闲环境。

第十一章　一分造九分管 飞播造林成效显著(沁阳市)

第一节　基本情况

沁阳市位于河南省西北部,介于北纬34°59′~35°19′,东经112°44′~113°02′,北倚太行山与山西省晋城市泽州县相邻,南与温县、孟州市接壤,西连济源市,东隔丹河与博爱县相望。南北相距约36 km,东西相距约29 km,国土总面积621.1 km^2,占全省总面积的0.37%。

全市地形北高南低、西高东低,山区、平原分明。焦枝铁路、焦克公路横贯沁阳市北部,成为平原和山区的分界线。焦枝铁路两侧的过渡地带为丘陵区。北部山区,山高坡陡,沟壑纵横,奇峰林立,主峰云顶海拔1 116.9 m;丘陵区地势平缓,多为梯田和山前冲积扇砾石坡地;平原地区,平坦开阔,属华北平原西南部边缘地带,最低海拔110.6 m。北部山区和丘陵区面积245.5 km^2,占全市总面积的39.5%;南部平原区面积375.6 km^2,占全市总面积的60.5%。

沁阳市地处北温带,属暖温带大陆性季风气候,气候温和,四季分明。年平均气温14.6 ℃,极端最低气温-17.6 ℃,极端最高气温42.7 ℃,10 ℃以上有效积温4 933.8 ℃,无霜期207 d。年平均日照时数2 258 h,日照率51%。全年平均降水量549.5 mm,主要集中在6—8月,占全年降水量的50%以上。年蒸发量1 630.9 mm,远大于降水量。全市气候特点可概括为冬长寒冷雨雪少,春短干旱多风沙,夏日炎热雨集中,秋季晴朗日照长。水热同期,有利于多种植物生长。

沁阳市主要自然河流有沁河、蟒河、丹河,季节性河流有仙神河、云阳河、逍遥河、龙门河,均属黄河水系。地下水资源分布不均,北部山区为贫水区,沁北倾斜平原为丰水区,沁河冲积平原为平水区,南部冲积平原为欠水区。主要灌溉工程有广利灌区和丹西灌区,分别引沁河、丹河水灌溉。人工开挖的排水工程,沁北主要有安全河和北截排,沁南有新蟒河、猪龙河、总干渠和南干排等人工河流。

沁阳市山区土壤主要为褐土和棕壤。棕壤多分布于海拔800 m以上的山地,褐土主要分布于低山丘陵区,平原区主要为潮土,沁河滩区以及相邻地区为风沙土。

沁阳市植被类型属暖温带落叶阔叶林带。全市分布有高等植物1 198种及变种,约占全省植物种类总数的30.1%;陆生野生脊椎动物200余种。在沁阳分布有国家重点保护野生植物11种,全部为国家二级重点保护植物;分布有国家重点保护野生动物34种,其中列为国家一级重点保护的6种,二级重点保护的28种。

全市交通便利,焦枝铁路、长济高速横穿全境,卫柿、常付、郑常、新济、沁温等省级道路从本市通过。2021年全市地区生产总值(GDP)296.95亿元,其中:第一产业增加值20.3亿元,第二产业增加值129.47亿元,第三产业增加值147.18亿元。城镇居民人均可支配收入34 116元,农村居民人均可支配收入21 720元。全年粮食总产量34.62万t。地方财政收入24.87亿元。

第二节 发展历程

河南省从1979年开始飞播造林,当初只是在豫西伏牛山区海拔800 m以上地区飞播油松,在豫南大别山、桐柏山区飞播马尾松。当时业内人士都认为太行山区气候干旱,立地条件差,飞播造林很难成功。1981年,沁阳市林业局领导和工程技术人员提出在太行山区进行飞播造林的大胆设想,邀请省飞播队领导和技术人员到沁阳考察,省飞播队领导要求沁阳市在太行山区进行人工撒播油松试验。1982—1983年,沁阳市林业局组织技术人员,连续两年在太行山区进行人工撒播油松试验研究,针对不同海拔、土壤、植被和地形,设置固定样方,定期进行观察记录,取得了翔实的数据。试验研究表明,在沁阳市太行山区海拔800 m以上的地区,飞播油松是完全可行的。

1984年,沁阳市太行山区首次进行飞播造林,设计云台和天池岭两个播区,飞播油松总面积2 674.6 hm^2。参加当年飞播造林设计的有省飞播队毛海生、乔文斌、姬邵龄,新乡地区林业局李甦民、刘大清,沁阳市林业局邓学贤、史朝运、赵玉柱、王智勇、董天文、史兴泽等同志。7月,沁阳市成立飞播造林指挥部,全力以赴进行飞播造林工作,由于领导重视,各级各部门通力协作,乡村干部群众密切配合,当年飞播造林任务圆满完成。1984年飞播后,雨量充足且时段分布比较均匀,油松出苗良好。随后,每年都对飞播造林进行调查,发现油松苗越来越少,当时由于经验不足,加上调查方法的机械性,认为飞播造林失败了。之后几年,不再积极争取飞播造林任务,认为飞播造林劳民伤财。5年之后,飞播造林成效逐步显现,1990 年经过飞播造林成效调查,1984 年飞播造林成效面积为 353.33 hm^2。这一结论振奋人心,扭转了人们对飞播造林的认识。

为了探讨浅山区飞播造林,1990 年沁阳市在浅山地区进行了一个架次飞播侧柏造林试验,播种面积 78.27 hm^2,经过几年调查,效果不太理想。1993 年、1994 年、2000 年、2001 年、2004 年、2005 年、2006 年、2007 年沁阳市分别进行了飞播造林,飞播树种从单一的油松变为油松、侧柏、臭椿、黄楝、五角枫等多树种混交;为改变“运五型”飞机单一的飞播模式,2017 年 6 月开始,将直升机引入飞播造林,大大提高了飞播造林的质量和效益。

第三节　主要成就

1984 年以来,共有 10 年开展飞播造林,涉及 13 个播区,飞播作业总面积 1.56 万 hm^2,其中宜播面积 1.27 万 hm^2,飞行作业 126 架次,飞播油松、侧柏、黄楝、臭椿等种子 9.1 万 kg,完成投资 193.6 万元。目前,飞播造林成效面积 0.36 万 hm^2,其中成林面积 0.16 万 hm^2,成效面积占宜播面积的 28%。大多分布在人烟稀少、交通不便、人工造林极其困难的地区,这些地区由原来以灌木为主的灌丛地变为以油松等乔木树种为主的有林地,使全市森林覆盖率提高 2.7 个百分点。同时,播区的生态状况明显好转。通过对播区的封山育林,森林植被逐渐恢复,盖度明显增加,林地保持水土、涵养水源等生态功能逐步增强。

第四节　基本经验

一、领导重视,组织严密

沁阳市政府领导高度重视飞播造林工作,每年飞播造林工作开始前,市政府都要成立飞播造林领导小组,成员由政府相关部门和播区乡镇主要领导组成,统一协调指挥,播区乡村干部群众密切配合。

二、科学规划,适地适树

飞播造林前期,在省飞播造林工作站专家的指导下,对拟播地区进行认真调查,合理规划播区,根据播区具体自然条件确定飞播造林树种。

三、合理确定飞播时间

根据飞播造林树种种子发芽习性和气象部门中长期天气预报,确定最佳飞播作业时间。尽量做到播前有墒、播后有雨且间隔均匀。

四、加强播后管理

播后要加大管护力度,加强封山育林。明确专职护林员,划分管护责任区,严禁放牧、砍柴、采矿等人为活动,严防森林火灾。对出苗差的地段采取人工补播、补植,对出苗好的地段进行人工抚育,促进苗木生长。

第五节 科技进步

一、采用 GPS 导航

1994 年之前的飞播作业,采用人工测设航标线,每 50 m 设置 1 个航标点,每个播区要设置 2~3 条航标线,航标线一般都布设在交通不便的高山峻岭上,测设航标线外业工作量大,消耗大量的人力、物力和财力。飞播作业时,采用地面人工导航,每条航线需要 7~10 人出示信号旗,每天飞播作业前 1 h,信号队需要到达指定位置。有些交通不便的航标线,信号队需要提前四五个小时出发,方能按时到达。到达后如遇天气变化,不能作业,只好无功而返,这样往返多次,人员非常辛苦。飞行员在作业时往往会受地面指挥信号影响而发生偏差,影响作业质量。

沁阳市从 2000 年开始采用 GPS 导航,大大减轻了飞播造林外业工作量,降低了人力、物力和财力的消耗,降低了飞播造林成本,同时飞播作业质量也比过去大大提高。

二、播前种子处理

1984 年和 1990 年飞播造林,种子不经处理直接播种,鸟害、鼠害严重。1993 年以后,飞播种子全部采用 ABT 生根粉、驱避剂等药剂处理,处理后的种子,鸟害、鼠害明显减轻。

三、准确把握飞播时机

随着气象学的发展,中长期天气预报水平大大提高,能够准确把握飞播时机,做到播前有墒、播后有雨,提高种子山场发芽率。

第六节 经营管理

飞播作业后,对播区首先要严格封山育林,死封 5 年以上,严防牛羊入坡和人为损害,同时要进行补播补植和抚育管理。要加强护林设施建设,修建护林标牌,加强宣传,对人畜活动频繁地段要设置机械围栏或隔离带。

第七节 问题与对策

一、管护管理方面

当前飞播造林存在的关键问题还是管护和管理,部分乡村飞播后管护不到位,牛羊入林现象时有发生,严重影响飞播幼苗幼树的正常生长。主要原因是管护资金不落实,护林员报酬得不到解决,护林制度形同虚设,起不到应有的作用。

二、幼林抚育方面

飞播成林后，得不到及时抚育，飞播林会逐步演变为低效林。如沁阳市 1984 年飞播的油松林，由于长时间得不到抚育，许多变成“小老树”，林分质量差，将会逐步蜕变为低质低效林。主要原因还是资金不足，无法进行正常抚育。

第八节　发展展望

飞播造林成本低、工效高，特别适合人烟稀少、交通不便的偏远地区。沁阳市山区总面积 1.67 万 hm^2，1984 年以来累计飞播作业总面积 1.56 万 hm^2，成效面积 3 616.27 hm^2。海拔较高地区，经过飞播造林和长期封山育林，植被茂密，盖度大部分在 80% 以上；沁阳市浅山丘陵地带正在实施太行山绿化三期工程，均为人工造林工程，所以沁阳市下一步飞播造林工作重点为保护和管护好已飞播成林的区域，同时做好近几年飞播区域补植补造和抚育间伐工作。

第十二章　“飞”出来的绿色希望(修武县)

修武县地处河南省西北部,太行山南麓,自1984年飞播造林以来,累计飞播造林作业面积2万余 hm^2(含重播),飞播成效面积7 266 hm^2,其中成林面积4 800 hm^2,使全县森林覆盖率提高11个百分点,为全县山区经济发展和生态环境建设做出了巨大贡献。

第一节　基本概况

修武县位于河南省西北部,太行山南麓,隶属焦作市,东与辉县、获嘉县相连,西与博爱县、焦作市衔接,南至武陟县。北界东大河,分别与晋城泽州县柳树口镇、晋城陵川县夺火乡接壤,是海河流域的源头之一,修武县总面积632.9 km^2。地理坐标为北纬35°07′39″~35°28′32″,东经113°08′17″~113°32′03″。

修武县地形复杂、地貌多变,北部为山区和丘陵,南部为冲积平原,县区地势北高南低,最高点海拔1 308 m,最低点海拔77.4 m,修武县平均海拔为692.7 m。

修武县属暖温带大陆性季风气候,春夏秋冬四季分明,气候宜人。年均日照2 062.4 h,年平均气温14.5 ℃,无霜期平均216 d,平均年降水量560.4 mm,多集中在6—8月。

修武县因地质构造和自然条件的多样性,土壤种类及分布相对较为复杂,土壤主要有褐土、棕壤土、潮土、盐碱土4个土类,下分10个亚类、25个土属。其中以褐土、棕壤土面积较大,而且质量较好,是修武县农业产量较高的土壤种类。

第二节　发展历程

修武县于1984年在太行山区开展飞播造林试验，通过科学规划设计，合理确定播期，采取适应树种，提高作业技术，加强后期管护等一系列的强化措施，试验取得了成功并取得了良好效果。自飞播造林以来，飞播林区正逐步产生越来越大的生态效益、经济效益和社会效益。自飞播以来，修武县共设计播区29个，累计飞播面积2万余hm^2（含重播），目前飞播成效面积7 266 hm^2，其中成林面积4 800 hm^2。随着山区干部群众思想的逐渐转变，对森林的巨大生态作用有了深刻的认识，越来越迫切地要求加快造林绿化步伐，来改变目前的生活生产条件。飞播造林则以其多、快、好、省的优点，充分显示了人工造林不可比拟的优越性，并取得了明显效果，受到了山区广大人民群众的欢迎。为改变“运五型”飞机单一的飞播模式，2018年6月开始，将直升机引入飞播造林，开启了修武县飞播造林的新篇章。

第三节　主要成就

修武县飞播造林经过试验、总结、研究、推广，不断得到提高和发展，取得了令人瞩目的成就。一是加快了山区绿化的进程，截至2018年，全县累计完成飞播造林面积2万余hm^2，其中成效面积7 266 hm^2，为山区森林面积和森林蓄积增长做出了重要贡献。二是有效地改善了地区生态状况。多年来通过开展飞播造林，有效地提高了生态脆弱地区的植被覆盖率，促进了地区生态状况逐步好转，使昔日的荒山秃山变成了满目青山，有效控制了水土流失，自然环境得到了有效改观。

第四节　基本经验

一、加强组织领导，健全管理体制

县委、县政府把飞播造林摆上重要议事日程，成立了飞播指挥部，一手抓协调管理，一手抓飞播具体工作。林业部门成立了规划设计组、质量检查组、后勤保障组和机场服务组四个工作小组，细化分工，明确责任，全力保障飞播造林工作的顺利开展。

二、因地制宜，科学搞好规划设计

组织技术人员对播区进行实地外业调查，按照“因地制宜、适地适树、宜飞则飞、宜封则封”的原则，合理布局，科学设计。

三、有关部门通力合作

多年来，林业、公安、气象、农业、水利、国土等部门密切配合，为修武县飞播造林事业提供了有力保障。

四、推广实用科技成果

随着修武县飞播造林的逐步开展，研究探索、推广应用了种子和地面植被处理、树种配置、飞播导航、飞播林经营等实用科技成果，有效地提高了飞播造林成效。

五、完整的管护责任制

修武县非常重视飞播后的管护工作，把管护制度的建立、管护责任的夯实、管护措施的落实当作重头戏来唱。所有播区死封5年，确保了飞播幼苗的正常生长。播区采取了“分片划段、固定专人、责任包干”和“成立乡林业工作站，集体管理”相结合的管护责任制，确保了飞播造林的成效。

六、搞好补植补造和经营管理

由于飞播造林时机械化作业，受风力、风向等自然因素影响，重播、漏播现象时有发生，加上立地条件的差别，导致飞播苗木分布不均、密度不均。为此，修武县适时开展补植补造工作，结合树种分布情况，积极营造黄楝、臭椿、侧柏等混交林，增加林分结构。

第五节 存在问题及对策

一、存在问题

一是飞播资金相对短缺，由于受多种因素的影响，前期费用如飞行费、种子费，作业期间的食、宿、物品等费用大大超出预算支出，增加了工作难度。二是飞播林经营和管护相对滞后，飞播林密度大，林木个体生长竞争十分激烈，出现林木生长衰弱、死亡等现象，急需抚育间伐。飞播经费较少，难以及时进行抚育和间伐。

二、发展对策

一是加大宣传，改变观念。飞播造林是一项社会受益的公益事业，要充分认识30多年来我们所取得的成绩，了解飞播造林的优势和重要作用，进一步提高认识，采取不同形式，加强宣传，承担起应尽的义务和责任，全力支持和做好这项公益事业。二是挖掘潜力，巩固飞播造林成果。牢固树立“一分造，九分管”的思想，大力推广“播封结合，以播促封，以封保播”的成功经验，强化管护责任，健全管护制度。进一步推进抚育和管护，落实责任和措施，确保飞播成效，提高飞播林的生态效益和经济效益。三是加强研究，开拓新的飞播领域。飞播造林是一项技术性很强的工作，必须把科技贯穿于飞播全过程。一方面要加强播区树种播期选择、种子包衣、地类的扩大、乔灌混播等技术的研究；另一方面要加强专业技术人员的培训力度，不断提高飞播造林的技术含量，提高飞播成效。

修武县飞播造林工作经过30多年的努力，取得了丰富的经验和可喜的成绩。飞播造林为山区绿化发挥出愈来愈重要的作用。今后将进一步加大飞播造林工作力度，充分发挥飞播造林的优势，为加快全县国土绿化进程，构筑生态安全屏障，推进林业现代化建设做出更积极的贡献。

第十三章 让飞播为新安增绿添彩(新安县)

第一节 基本概况

新安县位于洛阳西部,属浅山丘陵区,东连孟津、洛阳市区,西接义马、渑池,南与宜阳相邻,北与济源隔黄河相望。地理坐标为北纬 34°36′~35°05′,东经 111°53′~112°19′,土地总面积 11.63 万 hm^2。

新安县是低山丘陵区,地势西北高、东南低。全境由四山(郁山、邙山、青要山、荆紫山)夹三川(涧河川、畛河川、青河川)构成,整个地貌可划分为四个类型:北部低山区,平均海拔 700~1 000 m;畛北黄土覆盖石质丘陵区,平均海拔 500~700 m;涧河南北黄土丘陵区,平均海拔 250~500 m;河谷川地,平均海拔 170~350 m。

新安县属北温带大陆性季风气候,由于受太阳辐射、地形地势和季风影响,各种气象因素变化明显,气候特征四季分明。可以用四句话加以概括:"春季少雨天干旱,夏热雨大伏旱多,秋高气爽寒来早,冬冷风多雨雪少"。年平均气温 14.2 ℃,极端最低温度 -17.1 ℃,极端最高温度 44 ℃,年均降水量 642.2 mm,多集中在 7—9 月,占全年降水量的51.6%；年均无霜期216 d，年均日照时数2 186 h，日照率49.0%；年均蒸发量2 014.5 mm，是降水量的3.2倍，平均相对湿度65%。突出的气候特点是光热资源充足，降水时空分布不均，以干旱、洪涝、干热风、冰雹等为主的自然灾害时有发生，干旱已成为本区农林生产的制约因素。

新安县植被属暖温带落叶阔叶林带，由于长期的农业垦耕活动，自然植被遭破坏很大，除山区存在天然栎类、阔杂次生林外，丘陵、河谷、川地多为人工植被。主要乔木生态林树种有油松、侧柏、麻栎、槲栎、刺槐、杨树、泡桐、柳树、臭椿、楝树、国槐、构树、五角枫、山杏等，主要生态经济兼用树种有柿树、枣树、花椒、核桃等，主要经济林树种有桃树、杏树、苹果、梨树、樱桃、李、葡萄等，主要灌木树种有紫穗槐、黄栌、白蜡条、荆条、柽柳、酸枣等，主要草本植物有白草、羊胡子草、菅草、竹节草、蒿类等。

全县土壤分3个土类（褐土、潮土、棕壤）、8个土属（红黏土、砂礓土、白面土、砂礓白土、山地褐土、两合土、砂土、棕黄土）、8个土种。分布具有明显的垂直变化规律：平原区主要是两合土及部分红黏土，肥力较高，保水、保肥性能好；丘陵区是砂礓土，多石砾，团粒结构不好，易漏水肥；山区是红土、白土和砂壤土，质地较紧实，耕性和生产性能较差；深山区为棕壤土和山地褐土，土层薄，质地黏重，宜作林、牧用地。

全县下辖11个镇，2个省级产业集聚区，257个村委会，50个社区居委会，总人口51万人。其中农业人口39万人，城镇人口12万人。2017年全县实现地区生产总值460亿元，地方公共财政预算收入22.2亿元，固定资产投资完成586亿元，城镇居民人均可支配收入3.2万元，农民人均纯收入1.5万元。

新安县地理位置优越，交通便利。东距九朝古都洛阳20 km，距洛阳航空口岸35 km，陇海铁路、310国道、连霍高速横贯东西，拥有四通八达的运输网络。近几年来，新安县通过公路网、电信网和供电网的“三网”建设，实现了村村通公路、通电话和通电的“三通”目标，为当地营造林工作提供了便利条件。

全县林地面积4.95万 hm^2，其中有林地3.05万 hm^2，占林地面积的61.62%；疏林地0.35万 hm^2，占林地总面积的7.07%；灌木林地0.54万 hm^2，占林地总面积的10.90%；未成林造林地0.22万 hm^2，占林地总面积的4.44%；苗圃地53.33 hm^2，占林地总面积的0.11%；无立木林地473.33 hm^2，占林地总面积的0.96%；宜林地0.73万 hm^2，占林地总面积的14.75%；林业生产辅助用地53.33 hm^2，占林地总面积的0.11%。

近几年来，新安县造林成效显著，但森林资源总量仍显不足，纯林多，林种、树种结构单一，防护效能差，对生态环境的改善能力较弱，水土流失等自然灾害时有发生，严重制约着全县经济社会的可持续发展，实施造林绿化，增加森林覆盖率，优化生态环境，确保国民经济健康持续发展已到了刻不容缓的紧急关头。新安县宜林地面积较大，且大多在山高坡陡、地形复杂、人口密度小、人工造林难度大的石质山地，气候条件及自然植被良好，非常适合飞播造林。

第二节 发展历程及取得的成绩

2001年至今，新安县林业局根据省林业厅的安排，在省飞播站的指导下，先后进行了十余次飞播造林,共完成飞播造林 1.27 万 hm^2。播区主要分布在沿黄区域和主要流域沿岸困难地。通过近年来飞播成效调查,飞播造林成苗率达 30%,昔日的荒山秃岭,如今已是绿染群山。飞播造林的实施加快了新安县国土绿化的步伐,生物多样性得到有效保护,物种资源日益丰富,增加了有林地面积,提高了森林覆盖率,飞播造林在涵养水源、保持水土、改良土壤等方面发挥着显著的生态效益,地表得到很好的庇护,起到了涵养水源、减少水土流失、抵御自然灾害、改善生态环境的作用;2015 年通过采用直升机飞播造林,改变了"运五型"飞机单一的飞播模式,提高了作业效率,降低了作业成本,提升了飞播造林的质量和效益。

第三节 主要特点和经验

一、领导重视,强化分工

自新安县实施飞播造林以来,县委、县政府高度重视:一是成立由县政府主管领导任组长,由林业、财政、气象等相关部门组成的飞播造林工作领导小组;二是强化宣传,通过电视、报纸等新闻媒体,加大飞播造林宣传力度,形成全社会关注、支持、参与飞播造林的舆论氛围。

二、强化播区设计,确保飞播质量

播区作业设计合理与否,直接影响飞播成效。飞播造林多年来,在省林业厅飞播站、市林业局规划站的指导下,县林业局组织技术人员,按照"因地制宜、适地适树、宜飞则飞、宜封则封"的原则,合理布局,科学设计。根据播区立地类型确定播区,选择当地优良的适宜树种作为飞播种子,使各播区的设计质量均达到相关技术标准。

新安县北部山区宜林荒山面积大,且大都在小浪底库区周围,生态区位十分重要,北部山区山高坡陡,地形较复杂,加之人口密度小,人工造林难度较大。但是该地区宜林荒山分布相对集中,气候条件及自然植被良好,适宜飞播造林。在气象部门的支持下,对飞播区的降水情况做了比较准确的中短期预报,较合理地确定了飞播时间,同时克服酷暑、降雨等气候条件变化等困难,及时播种,为种子成活提供了重要保证。

三、加强播后管理,巩固飞播成果

飞播的成败,管理是关键。为了抓好播后管理工作,新安县与天保工程护林员相结合,进行封山育林,做到"种子落地、管护上马、抚育跟上",大力推广"播封结合、以播促封"成功经验,并采取以下措施加强播后管理。一是林业局与播区所在乡(镇)签订播后管理合同书,明确双方责任,促使各乡(镇)做好播后管护工作。二是加强宣传教育。要求播区所在乡(镇)加强对播区群众宣传教育,按合同落实封管措施,使播区的管护变成群众的自觉行动。三是播区四周树标立界,白石封山,严格实行"死封 5 年,活封 7 年"。在死封期间,坚决实行"六不准",即不准扒坡开荒,不准点烧荒山,不准挖土取石,不准挖药杀梢,不准进山拾柴,不准放牛放羊。真正做到"种子落地,管护上马",以期达到飞播一片，成林一片。四是加强防火和病虫害防治以及搞好播区内的补植补造工作。通过以上措施，提高了飞播成效，巩固了飞播成果。

四、发展特色产业，促进群众增收

飞播造林后实施的封山育林工程为当地群众正常的生产、生活带来了影响，飞播初期，群众对此不能理解，怨言颇多。为了解决这一矛盾，每年林业部门通过考察并结合当地实际，为各个播区制定了发展特色林业产业、促进当地群众增收致富的思路。特色林业产业的发展，使当地群众看到了致富的希望，同时又使播区的封山育林工作得以顺利开展，实现了飞播造林和群众致富的双赢。

第四节　存在问题及建议

新安地处豫西山区，十年九旱，飞播造林选择的立地条件都是人工造林难度大的荒山荒地，飞播造林实施之后，由于自然因素等原因，个别播区的出苗效果不尽如人意或相对较差。因此，建议上级财政配套专项资金，用于飞播造林的补植和管护。第一年飞播造林之后，次年进行合理补植，同时安排兼职护林员进行日常巡护，确保飞播造林成效。

第十四章　飞播造林再造秀美山川(博爱县)

博爱县位于河南省西北部太行山南麓,隶属焦作市管辖,地理位置为北纬35°02′~35°21′,东经112°57′~113°12′,东邻焦作、武陟,南靠温县,西邻沁阳,北接山西省晋城市。土地总面积4.92万hm^2,其中山区1.81万hm^2,占总面积的36.79%,全县山区适宜造林面积1.25万hm^2,森林覆盖率为22.03%("四旁"树森林覆盖率平均估算3.5%),林地资源总量不足,发展空间有限,难以满足经济发展对生态环境质量不断增长的需求。山区地广人稀,人工造林比较困难,适宜进行大面积飞播造林。博爱县自1985年实施飞播造林以来,全县森林覆盖率提高了5个百分点,获得"河南省林业生态县"的荣誉称号。

第一节　自然条件

博爱县地貌主要由山区和平原两大部分组成。地势分布有两大特点:一是北高南低,北部为太行山地,南部为山前倾斜平原,西北高、东南低。二是三面环谷,东面是大沙河谷地,西面是丹河谷地,南面为沁河谷地。北部太行山系属山西地面北斜东南断裂带,地形地貌较为复杂,地势起伏较大,自北向南呈梯形降低,海拔200~980 m,相对高度200~600

m,山地受强烈构造运动影响和水流侵蚀切割,地面破碎,具有山势陡峻、峭壁悬崖、深沟峡谷和土薄石厚的特点。博爱县土壤可分为褐土、潮土和水稻土。太行山大部分属于褐土性土壤,土层厚薄不均,多在 15~60 cm,耕层浅,肥力低,水土流失严重。气候属大陆性季风气候,四季分明,冬春干旱,夏秋多雨,年平均气温 14.1 ℃,降水量年均 597.1 mm,降水相对集中于7—9 月,占全年降水量的 54%,全年无霜期 216 d。博爱县属暖温带落叶阔叶林地带,适合飞播造林。

第二节　发展历程

博爱县的飞播造林工作始于 1985 年,当年在省飞播工作站的大力支持下,在博爱县北部的北田院播区进行了试验性的飞播油松 0.11 万 hm^2,获得了成功。经 1990 年的飞播成效调查,成效面积 340 hm^2,占宜播面积的 34%,有苗面积平均每亩达 180 株,飞播效果评定为优良。此后在 1989—2018 年又进行了 19 次飞(复)播造林,2018 年采用小型直升机飞播造林。灵活的作业模式,适用于博爱县较为分散的小播区群的设计,大幅度提升了飞播造林的质量和效益。

第三节　建设成就

自 1985 年开始飞播造林到 2018 年止,博爱县共进行了 20 年的飞(复)播造林,飞(复)播面积达 3.03 万 hm^2,总投资 443 万元,目前直接飞播成林面积 0.23 万 hm^2,有望成林的飞播未成林造林地 0.23 万 hm^2。飞播造林以其多、快、好、省的特点,在博爱县太行山区显示了其他造林方式无法比拟的优越性,也产生了很大的效益,为太行山区绿化工作做出了巨大的贡献。同时通过飞播节约了大量的人力、物力和资金,使山区群众有更多的精力投入到社会建设,加快了山区群众脱贫致富奔小康的步伐。飞播区的成林,也有力地改善了博爱县山区的生态环境,为山区群众的生产、生活提供了有力的保证。

第四节　基本经验

总结历年来的飞播造林工作,我们主要有以下做法。

一、加强领导,多方协作

为加强飞播造林的领导工作,博爱县每年都组织由主管副县长任指挥长的飞播造林指挥部,由林业、交通、邮电及各有关乡镇为指挥部成员,统一组织协调飞播造林工作,飞播期间发动群众,积极配合,县有关领导亲临现场指挥飞播作业,保证飞播任务的完成。

二、因地制宜,科学规划

针对山区不同的立地条件,科学规划,合理设计播区,实地调查,对播区进行植被、土壤处理。针对不同的土壤、海拔、坡向设计不同的树种,分别有油松、侧柏、黄连木、椿树等树种,同时引进新技术,对种子进行拌药处理,避免鸟兽危害。近几年使用 GPS 卫星定位导航,提高了飞播精度,节约了大量的人力、物力,提高了飞播成效。

三、积极筹措资金,加大资金投入

资金是飞播工作的保障,博爱县坚持多渠道、多层次筹集飞播资金。一是积极争取上级部门的扶持,坚持专款专用,保证资金用于飞播造林工作;二是县财政扶助,县委、县政府十分重视飞播工作,从财政资金中解决一部分资金投入飞播造林工作。

四、严格管护,合理经营

县政府每年飞播工作前都与有关乡村签订管护合同,做到种子落地,管护上马;播后立即与乡村结合在播区周围竖立封山标志,对播区实行死封 5 年;同时加强补植补造工作,对成苗较差的地段每年县政府都安排补造,提高飞播成效。

第五节 存在问题与发展对策

一是受天气和立地条件的影响,土层瘠薄的阳坡飞播出苗较差,要通过研究,试验找到适宜这些地方生长的树种或新技术,进一步提高飞播成效。二是飞播造林后续资金投入少,目前大面积的飞播林亟待抚育管护,希望上级部门加大飞播造林的抚育管护资金投入,确保成林、成材。三是牢固树立“一分造,九分管”的思想,大力推广“播封结合,以播促封,以封保播”的成功经验,实行播后坚持封山 5 年,结合当地具体情况再进行半封、轮封,直到成林,确保飞播成效,提高飞播林的生态效益和经济效益。

附 录

附录 1 飞播造林技术规程

(GB/T 15162—2018)

1 范围

本标准规定了飞播造林宜播地、播区选择条件、树(草)种选择和种子、作业设计、飞播施工、成效调查以及档案管理等技术内容和要求。

本标准适用于飞播造林种草。

2 规范性引用文件

下列文件对于本文件的应用是必不可少的。凡是注日期的引用文件,仅注日期的版本适用于本文件。凡是不注日期的引用文件,其最新版本(包括所有的修改单)适用于本文件。

GB/T 2772 林木种子检验规程

GB 7908 林木种子质量分级

GB/T 8822.1~8822.13 中国林木种子区

GB/T 10016 林木种子贮藏

GB/T 15163 封山(沙)育林技术规程

GB/T 15776—2016 造林技术规程

3 术语和定义

下列术语和定义适用于本文件。

3.1 **飞播造林** afforestation by aerial sowing

根据植被自然演替规律,以天然下种更新原理为理论基础,结合植物种生态、生物学特性,模拟天然下种,利用飞机把林木种子播撒在造林宜播地段上,集飞播、封育、补植补播或复播、管护等综合造林作业措施为一体,以恢复、改善和扩大地表植被为目的的造林技术过程。

3.2 **播区** aerial sowing compartment

连成一个整体、单独进行设计并进行飞播造林作业的区域单位。

注:播区包括宜播区和非宜播区。

3.3 **小播区群** aerial sowing group

若干个相对集中,不相连接,而可以实施串联飞播造林作业的播区地块群。

3.4　**宜播地** suitable sites

适宜开展飞播造林的各种地类。

注:宜播地包括育林荒山荒地、宜林沙荒地、疏林地、灌丛地,低质、低效有林地,灌木林地及其他适宜飞播的土地。

3.5　**航高** navigation height

飞播作业时,飞机距离地面的高度。

3.6　**播幅** navigation width

飞机在播区作业的有效落种宽度。

3.7　**航标点** point of navigation mark

飞播作业的导航信号标志点。该点位于播带的中心线上,飞播作业时飞机在其上空沿线压标播种。

3.8　**航标线** line of navigation mark

同一序列彼此相邻不同序号航标点的连线。

3.9　**卫星定位导航飞播作业** satellite position guided aerial sowing

利用卫星定位系统导航技术进行飞播造林作业。

3.10　**航迹** flight path

飞机飞播作业时的飞行轨迹。

3.11　**飞行作业航向** flying direction of navigation

飞机在播区飞播作业时飞行的方向。

注:飞行作业航向一般用飞行方位角表示。

3.12　**飞行作业方式** operation system for flight

飞机在播区作业时的飞行方法和顺序。

3.13　**接种样方(点)** sample plot

飞播作业时用于检查播种质量、统计落种情况的接种点。

注:接种样方(点)一般为 1 m×1 m。

3.14　**接种线** line of connecting sample plots

播区内同一序列彼此相邻不同序号接种样方(点)的连线。

3.15　**有效苗** available seedlings

播区宜播面积范围内,播种苗或天然更新的同一类型、同一苗龄(苗龄级)的目的苗。

3.16　**有苗样地** sample plot with available seedlings

成苗调查时,有 1 株以上乔木或灌木树种,或 3 株以上多年生草本植物有效苗的样地。

3.17　**有苗样地频度** frequency of sample plots with available seedlings

有苗样地占播区宜播面积范围内设置样地总数的百分比。

3.18　**成苗面积** area of grown-up seedlings

飞播造林后成苗调查时,播区宜播面积达到成苗标准的面积。

3.19　**成效面积** effective area

飞播造林后成效调查时,播区宜播面积达到合格标准的面积。

3.20 **飞播种子处理** seed treatment for aerial sowing

飞播前，对种子采用消毒、包衣、破壳、脱蜡、去翅、脱芒、丸粒等方法进行的预先处理。

3.21 **复播** remedy aerial sowing

对成苗等级评定不合格的播区再次飞播作业。

3.22 **沙障设置** sand-barrier

在植被盖度小，播种后容易产生种子位移、沙埋的地段，飞播前用黏土、农作物秸秆、灌木枝条、土工材料等埋设成不同规格的网或带，以保证种子的定位与覆土，有利于种子发芽并得到庇护的技术措施。

4 一般规定

4.1 一般要求

飞播造林应遵循以下基本要求：

a) 飞播造林应坚持统一设计，综合作业的原则。

b) 飞播造林应在对各方面条件充分分析论证的基础上开展工作，并辅以补植、补播等措施。

c) 飞播造林应具备符合使用机型要求的机场或保证飞机安全起降条件的场所，并有承担飞播作业的专业技术队伍。

d) 飞播造林应按照所属林业生态工程规划内容进行作业设计，按设计实施，按标准评定验收。

e) 飞播造林作业设计单位应具备从事飞播造林规划设计的专业能力。

4.2 播区分区

根据气候特点，将全国划分为九个区域，划分方法和结果执行 GB/T 15776—2016。本标准将播区归成两个类别区，即旱寒区（极干旱、干旱、半干旱、高寒）和其他区（热带、亚热带、暖温带、中温带、寒温带）。

4.3 播区选择

4.3.1 自然条件

播区选择自然条件包括以下方面：

a) 具有相对集中连片的宜播地，其面积一般不少于飞机一架次的作业面积。

b) 宜播面积应占播区总面积 60%以上；北方山区和黄土丘陵沟壑区，播区应尽量选择阴坡、半阴坡，阳坡面积一般不超过 40%。

c) 播区地形起伏在同一条播带上的相对高差不超过所用机型飞行作业的高差要求，应具备良好的净空条件，两端及两侧的净空距离应满足所选机型的要求，主要飞播造林飞机机型技术参数参见附录 A。

d) 地形地貌、地质土壤、水热条件等自然立地条件适宜飞播造林。

4.3.2 社会条件

播区土地权属明确，能够落实播前播区地面处理、飞播作业和播后封育管护任务。

5 飞播树(草)种选择

5.1 树种选择

树种选择应遵循以下基本原则：

a)选择天然更新能力强、种源丰富的乡土树种。

b)选择中粒或小粒种子，产量多，容易采收、贮存的树种。

c)选择种子吸水能力强，发芽快；幼苗抗逆性强，易成活的树种。

d)选择适宜自然立地条件，具有一定经济价值、生态价值和景观价值的树种。

5.2 草种选择

草种选择应遵循以下基本原则：

a)选择具有抗风蚀、耐沙埋、自然繁殖力强、根系发达、株丛高大稠密、固沙效果好的多年生草种。

b)选择有利于乔、灌树种生长和植被群落发育的草种。

6 飞播种子

6.1 种子质量

飞播造林的种子质量应达到 GB 7908 规定的二级以上(含二级)质量标准。

6.2 种子采收与调运

飞播用种优先选用本地区优良种源和良种基地生产的种子，外调种子应符合 GB/T 8822.1~8822.13 规定的调拨范围和国家林业主管部门的有关规定。

6.3 种子使用

飞播造林用种实行凭证用种制度，用于飞播造林的种子应具有森林植物(种子)检疫证、检验证及种子标签，供种单位应具有种子生产经营许可证。种子的检验、检疫及贮藏，执行 GB/T 2772、GB/T 10016 和国家林业主管部门的有关规定。

6.4 飞播种子处理

飞播前要对种子进行处理，包括种子消毒、在种子外表采用黏着胶、药剂以及其他添加剂等包衣、丸粒化处理，或对硬皮、蜡质种子进行破壳、脱蜡、去翅、脱芒、筛选等机械处理，以增加种子粒径和重量、减少种子漂移和鸟鼠危害，促进种子发芽。

7 飞播设计

7.1 设计单元

在播区调查的基础上，根据林业生态工程规划内容和要求，以播区或小播区群为单位进行飞播造林作业设计。

7.2 播区调查

7.2.1 踏查

采用路线调查进行播区踏查。通过踏查，观察拟开展飞播造林地区全貌以及地形、净空情况，目测宜播面积比例，了解土地权属情况，框划播区范围。在开展过森林资源调查的地区或区域，也可以利用近期森林资源调查、林地规划等成果确定播区范围。

7.2.2 调查

7.2.2.1 自然条件调查

调查内容包括播区范围的地形、地势、气候、土壤、植被及森林火灾和病、虫、鼠、兔害等。

7.2.2.2 社会经济调查

调查播区范围人口分布、交通情况、土地权属、农林业生产建设状况、农村能源消耗情况,畜牧种群数量、放牧习惯,以及当地相关的劳动生产定额等。当地政府和群众对飞播造林的认识和要求以及附近可使用机场等情况。

7.2.2.3 小班区划与调查

7.2.2.3.1 小班区划任务

小班区划任务包括:

a)现地区划界定飞播造林播区地类面积及分布情况,根据播区宜播地类的自然分布情况,结合当地飞播造林可供使用飞机的飞行作业特点,利用地形图、最新遥感影像或航片调绘确定播区边界。

b)准确量算、统计播区宜播面积,计算播区宜播面积率。

——宜播面积率计算方法:宜播面积/播区面积

c)落实飞播造林技术措施,准确计算相关工程量。

7.2.2.3.2 小班区划

小班区划遵循以下方法:

a)以播区为单位,利用测绘部门绘制的最新的比例尺为 1:50 000 或 1:25 000 的地形图,现地或根据最新遥感影像或航片进行小班勾绘。

b)小班最小面积以能在地形图上表示轮廓形状为原则,最小小班面积不小于 0.2 hm^2,最大小班面积不超过 40 hm^2。

c)分别地类划分小班,地类分类系统执行国家林业主管部门森林资源规划设计调查的有关规定。沙区播区小班区划中,应同时兼顾到沙丘类型和形态,区别划分丘间低地、背风坡、迎风坡。

7.2.2.3.3 小班调查

小班调查应按照以下内容和方法进行:

a)小班调查内容:对非宜播地类只调查地类;对宜播地各地类详细调查地形地势、土壤、植被、土地利用情况等项目,分别对各项目相关调查因子进行调查记录:

——地形地势:坡位、坡向、坡度、海拔高度;

——土壤:土壤种类(土类)、土层厚度以及腐殖质层厚度;

——植被:灌草植被调查记录灌(草)种类、起源、覆盖度、平均高度以及分布情况,疏林地、低效林地还应调查树种组成、平均年龄、平均胸径、平均高、郁闭度、自然度、天然更新情况;

——土地利用状况:如开荒、樵采、放牧等人为活动情况。

b)采用小班目测和随机设置样地(标准地)实测相结合的方法调查。无林地、疏林地调查样地面积 100 m^2,灌木林样地面积为 10 m^2,草本群落样地面积 4 m^2;样地数量：小班面积 3 hm^2 以下设 2 个，4~7 hm^2 设 3 个，8~12 hm^2 设 4 个，13 hm^2 以上设置不少于 5 个。

c) 现场综合分析小班宜林宜播性。

d) 内业整理播区调查卡片，求算小班面积，并对宜播地各小班详细地调查地形、地势、地类，统计播区宜播面积，参见附录 B(表 B.1 播区地类面积统计表)。

7.3 树(草)种设计

7.3.1 树种配置设计

树种配置设计应遵循以下方法：

a) 树种配置方式分乔木纯播、乔木混播、乔灌混播、灌木纯播、灌木混播、灌草混播等六种类型。

b) 为提高森林防火、保持水土和抵抗病虫害能力，提倡针阔混交、乔灌混交、灌木混交，采用全播区或带状混播等方式进行播种，培育混交林。

c) 各地树(草)种设计可参照附录 C。引进树(草)种要试验成功后方可应用。

7.3.2 播种期设计

在保证种子落地发芽所需的水分、温度和幼苗当年生长达到木质化的条件下，以历年气象资料和以往飞播造林成效分析为基础，结合当年天气预报，确定最佳播种期。

7.4 播种量设计

播种量设计按以下方法进行：

a) 以既要保证播后成苗、成林又要力求节省种子为原则。各地结合实际参照附录 D，依据式(1)确定。

$$S = \frac{N \times W}{E \times R \times (1 - A) \times G \times 1\,000} \tag{1}$$

式中 S——每公顷播种量，g/hm^2；

N——每公顷计划出苗株数，株/hm^2；

E——种子发芽率(%)；

R——种子纯度(%)；

A——种子损失率(鸟、鼠、蚁、兽危害率)(%)；

G——飞播种子山场出苗率(%)；

W——种子千粒重，g/千粒。

b) 设计每架次载种量，计算播区种子需要量。

c) 设计种子处理方式和方法。

7.5 地面处理设计

7.5.1 植被处理设计

植被处理设计应根据地表植被状况选择不同处理方式，并落实到小班：

a) 对草本、灌木盖度偏大，可能影响飞播种子触土发芽和幼苗生长的小班，可进行植被处理设计。

b) 对于水土流失严重和植被稀少小班，应提前封护育草(灌)，使草(灌)植被有所恢复，以提高飞播成效。

c) 植被处理设计落实到小班,并计算相应工程量。

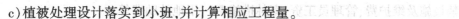

7.5.2 简易整地设计

简易整地设计应根据立地条件选择不同的方式:

a) 为提高土壤保水能力和增加种子触土机会,对地表死地被物厚或土壤板结的播区地块,根据当地社会、经济条件,可设计简易整地,并计算相应的工程量。

b) 沙区流动、半流动沙地上实施飞播作业,可选择风蚀沙埋地段搭设沙障。结合播区条件,设计材料种类、沙障长度,并计算工程量和材料需要量等。

7.6 机型与机场的选择

机型与机场选择应遵循以下原则:

a) 根据播区地形地势等地貌特点和机场条件,选择适宜的机型。

b) 根据播区分布和种子、油料运输、生活供应等情况,就近选择机场;若播区附近无机场,经济合理的条件下可选建临时机场。

7.7 飞行作业方式设计

飞行作业方式设计包括以下内容:

a) 根据播区的地形和净空条件、播区的长度和宽度、每架次播种带数和混交方式,设计飞行作业方式。飞行作业方式分为单程式、复程式、穿梭式、串联式以及重复式等。

b) 根据设计的树(草)种、播种量及飞行作业方式,设计飞行作业架次组合。

7.8 飞行作业航向设计

按基本沿着相同海拔高度飞行作业的原则,结合播区地形条件,确定合理的飞行作业航向,图面量算播区的飞行方位角;一般航向应尽可能与播区主山梁平行,在沙区可与沙丘脊垂直,并应与作业季节的主风方向相一致,侧风角最大不能超过30°,尽量避开正东西向。

7.9 航高与播幅设计

根据设计树(草)种的特性(种子比重、种粒大小)、选用机型、播区地形条件确定合理的航高与播幅。为使飞播落种均匀,减少漏播,一般每条播幅的两侧要各有15%左右的重叠;地形复杂或风向多变地区,每条播幅两侧要有20%的重叠。

7.10 导航方法设计

根据播区具体情况和机组的技术条件设计采用卫星定位导航。

7.11 播区管护设计

依据播区社会经济情况、土地权属等,结合飞播造林的经营方向,提出播后5~7年内适宜的封育管护形式和措施。执行GB/T 15163和国家林业主管部门的有关规定。

7.12 投资预算

投资预算包括以下内容:

a) 直接生产费:种子费(包括种子购置费、调运费和药物处理费等)、飞行费(包括试播费、飞行费、调机费等)、地面处理费(包括植被处理费、沙障设置费、简易整地费)、勘察设计费、飞播作业费(包括种子处理费、种子复检费、装种费、导航费、机场租赁费、地勤费、交通运输费、气象服务费、通信联络设备费等)、播区管护费(封禁设施及维护费、管理员工资、育林措施费)、用地补助费等。

b)管理费:技术培训费、监督管理费、成苗及成效调查费、检查验收建档费、办公费等。

c)补植、补播费及复播费等。

d)对资金来源作出具体说明。

7.13 设计成果

7.13.1 设计说明书

飞播造林设计说明书一般以市(地级)或建设单位为单位分播区合并编制,也可以县(市、区、旗)为单位编制,应简明扼要,方便生产。主要内容包括播区概况、飞播条件分析、播区边界范围与面积、宜播面积、树(草)种选择与配置、播种量与用种量、种子处理方法、播种期、播区地面处理、机型与机场、飞行作业方式与架次组合、导航方法、播区管护、投资预算、保障措施等。

7.13.2 设计图件

7.13.2.1 播区位置图

以地(市)或建设单位为单位,采用1∶1 000 000或1∶500 000比例尺地形图为地理底图编绘成图。编绘内容:机场位置、播区名称与位置、标示机场与播区距离等。

7.13.2.2 播区作业图

以播区为单位,采用1∶50 000或1∶25 000比例尺地形图为地理底图编绘成图。编绘内容:播区界线及端拐点坐标、接种(点)线(或航标线)、小班界线、地类符号以及飞行作业架次组合表等。

7.13.3 设计附件

包括播区现状表、飞行作业架次组合表、卫星定位导航各航带航标点经纬度坐标数据表、主要设备材料清单以及投资概算明细表等设计附表和有关附件。

8 飞播施工

8.1 播前准备

8.1.1 播区准备

8.1.1.1 播区标示

由建设单位根据播区作业图所标示的播区边界及端拐点地理坐标,于播前采取现地地形判读、导线测量或卫星定位导航等方法,现地准确落实播区边界四至,在各端拐点埋桩或沿边界制作标志牌进行播区标示。

8.1.1.2 播区地面处理

由建设单位根据设计要求,于播前落实完成播区植被处理、简易整地、沙障搭设等地面处理任务。

8.1.2 种子及物资准备

由建设单位根据设计按树种、数量、质量将种子准备到位,并采购准备好种子处理必需的物资材料,以及种子处理等工作所必需的工器具。

8.1.3 飞行协调

播前以地、市或建设单位为单位,协调、落实飞播作业机场与飞行作业单位,并就各方的责任、义务、利益等方面内容签订书面合同,保证机场正常开放和飞机按时进场。

8.1.4 试播

在飞播作业之前选择具有代表性的区域实施试行飞播作业,采集与飞播造林相关的各类数据,测试、分析、调节、修正相关参数,使其达到飞播造林设计要求。

8.1.5 播前准备工作验收

由林业主管部门对播前各项准备工作组织检查验收,设计文件为检查验收的主要依据。符合设计要求,验收通过,方可实施飞播作业。

8.2 飞播作业

8.2.1 指挥管理

飞播作业期间,强化组织管理,统筹安排机场、播区、飞行、通信、气象、种子处理及装种、质量检查、安全保卫、生活后勤等各项工作,协调解决飞播作业过程中的有关问题。

8.2.2 天气测报

气象人员按时观测天气实况并与附近气象台(站)取得联系。对机场、航路及播区按飞行作业要求及时报告云高、云量、云状、能见度、风向、风速、天气发展趋势等有关因子。

8.2.3 通信联络

建立统一的飞播指挥通信系统,机场、播区应配备电台、电话、对讲机等通信设备,保证地面与空中、地面与地面之间的通信畅通,做到信息反馈及时准确,保证飞行安全和播种质量。

8.2.4 试航

飞行作业前,飞行单位应进行空中和地面视察,熟悉航路、播区范围、地形地物,检测通信设备,并拟定作业方案。

8.2.5 种子处理及装种

按设计要求进行种子处理,经处理合格的种子方可装种上机,并应严格按每架次设计的树(草)种数量装种。

8.2.6 飞行作业

按设计要求压标作业,地形起伏高差较大时,可适当提高飞行高度,但必须保持航向,并根据风向、风速和地面落种情况及时调整侧风偏流、移位及播种器开关,确保落种准确、均匀。侧风风速大于 5 m/s 或能见度小于 5 km 时,应停止作业。

8.2.7 安全保卫

飞行作业和机场管理应按照飞行部门的有关规定及飞播作业操作细则制定飞播造林施工作业安全预案,确保人员、飞机和飞行安全。

8.2.8 播种质量检查

播种质量检查包括以下内容和步骤:

a) 飞机播种作业的同时进行播种质量检查。按设计播区作业图图示接种线位置顺序进行,一般在接种线上从各播带中心起,向两侧等距设置 1 m×1 m 接种样方 2~4 个,逐样方统计落种粒数并量测实际播幅宽度。

b)使用卫星定位导航飞播作业时,播种质量检查采取地面接种与查看卫星定位导航仪记录的航迹相结合,综合评判飞行作业质量。

c)播种质量检查信息,特别是出现偏航、漏播、重播时应及时反馈,以便纠正或补救。

d)播种质量检查标准为:实际播幅不小于设计播幅的70%或不大于设计播幅的130%;单位面积平均落种粒数不低于设计落种粒数的50%或不高于设计落种粒数的150%;落种准确率和有种面积率大于85%。

$$落种准确率 = \frac{飞机撒播种子在播区内的面积}{播区总面积} \times 100\%$$

$$有种面积率 = \frac{飞机撒播落种子后播区内符合单位面积种子数量的面积}{播区总面积} \times 100\%$$

8.2.9 监督管理

飞播作业应实施技术质量监督管理,对作业进度、作业质量、工程数量等方面做全过程的跟踪监督检查和技术质量认定。

8.3 播后管理

8.3.1 封育管护

8.3.1.1 播后,播区应严格封护。封育管护期限5~7年。

8.3.1.2 根据播区情况,应制定封育管护制度,落实管护机构和人员,签订管护合同,落实管护责任。

8.3.1.3 按设计要求建设封护设施。

8.3.2 补植补播

播区成苗调查达到成苗合格标准的播区,但难以达到成效标准时,应适时进行补植补播,直至达到成效标准。补植补播执行GB/T 15776有关规定。

8.3.3 复播

播区成苗调查结果为不合格的播区,在认真分析论证的基础上,组织实施复播作业。

9 飞播造林成效调查

9.1 出苗观察

为了及时掌握播区种子发芽、出苗、幼苗成活及生长变化情况,预测成苗效果,进行出苗观察。一般播后种子发芽即进行观察,每季度观察不少于1次,连续观察至播区成苗调查时结束。

9.2 成苗调查

9.2.1 调查目的

掌握播后播区范围内幼苗密度及生长、分布情况,为补植、补播或复播等飞播造林技术措施的开展提供依据。

9.2.2 调查时间

调查时间宜于飞播作业结束后2~3年进行。

9.2.3 调查内容

调查的主要内容:宜播面积内有效苗种类、数量;同时对苗高以及苗木生长、分布情况进行调查。

9.2.4 调查方法

按照成数抽样、线路调查。以播区或小播区群为总体,在播区宜播面积上按不同飞播树种、不同立地类型和不同地类,选择调查线路。按有苗面积成数估测精度要求达到80%、可靠性为95%($t=1.96$),计算样地数量。要按照调查线路和样地间距的计算结果设置样地,样地面积2 m^2。对样地进行实地调查和统计,并进行成苗等级评定。

9.2.5 成苗评定

成苗合格分类,以播区或小播区群为评定单位,按宜播面积平均每公顷有效苗株数与有苗样地频度2个指标划分标准见表1。

表1 飞播成苗效果评定标准

宜播面积平均每公顷有效苗株数/(株/hm^2)	有苗样地频度/%		评定结果
	旱寒区	其他区	
乔木≥1 000 灌木(灌草)≥1 666 乔灌混交综合参数≥1	≥20	≥25	合格
乔木<1 000 灌木(灌草)<1 666 乔灌混交综合参数<1	<20	<25	不合格

每公顷株数与有苗样地频度2个指标同时达到规定的标准时视为合格。

9.2.6 成苗调查成果

飞播造林成苗调查应提供成苗调查报告,分析统计结果,以播区为单位评定成苗等级,参见附录B(表B.2成苗调查统计表),计算成苗面积;结合出苗观察,阶段性评价飞播造林效果,提出下一步工作建议。

9.3 成效调查

9.3.1 调查时间

飞播后5~7年,对播区进行成效调查。对实施复播的播区,成效调查时间可以顺延,但时限不超过8年。

9.3.2 调查内容

调查的主要内容:成效面积以及平均每公顷株数、苗高和地径、苗木生长及分布情况等。

9.3.3 调查方法

成效调查方法包括成数抽样调查法和成效面积调绘法,调查时可根据实际情况选择使用:

a)成数抽样调查法。方法同9.2.4,样地宜使用圆形样地,样地面积10 m^2。

b)成效面积调绘法(小班调查法)。以成效面积为主要调查因子,利用播区作业图、1:10 000比例尺地形图或航片、高分辨率遥感影像进行现地小班调绘和样地调查。当郁闭度(灌木覆盖度)达到小班合格标准(9.3.4.2)时,用郁闭度(覆盖度)

评价小班，否则采用 10 m^2 样圆调查有效苗株数。按照机械抽样原则均匀布设 10 m^2（半径 1.79 m）样圆。在区划的宜播面积小班内，按下列标准布设：小班面积<5 hm^2，不少于 6 个；小班面积 6~10 hm^2，不少于 8 个；小班面积 16~20 hm^2，不少于 10 个；小班面积>20 hm^2，不少于 15 个。

9.3.4 成效评定标准

9.3.4.1 样圆合格标准

样圆合格标准根据播区类别分别进行评价：

a）旱寒区：10 m^2 样圆内有 1 株以上（含 1 株）乔木有效苗，或 1 丛以上（含 1 丛）灌木有效苗。

b）其他区域：10 m^2 样圆内有 1 株以上（含 1 株）乔木有效苗，或 3 丛以上（含 3 丛）灌木有效苗。

9.3.4.2 小班合格标准

执行 GB/T 15776 造林成效评价中的有效小班为合格小班。

9.3.4.3 成效综合评定

以播区或小播区群为评定单位，按照成效面积占宜播面积比例评定飞播成效。成效面积≥20%，成效评定为合格，否则为不合格。

9.3.5 成效调查成果

飞播造林成效调查应提供成效调查报告，以播区为单位综合评定，飞播造林成效调查统计参见附录 B（表 B.3 成效调查统计表）。对飞播造林各环节的工作做出评价，总结经验、教训，提出建议。

10 档案管理

10.1 以播区为单位建立技术管理档案。

10.2 档案内容包括林业生态工程规划、调查设计、地面处理、补植补播、飞播生产组织、出苗观察原始记录、成苗调查原始记录和调查报告、成效调查原始记录和调查报告以及相关的科研、调研资料等。同时及时对播区所有的生产活动及效益、经验、教训等进行连续性记载。

10.3 档案管理由县级林业主管部门统一领导，专人负责。

附录 A
(资料性附录)

飞播造林主要飞机机型技术参数

飞播造林主要飞机机型技术参数见表 A.1。

表 A.1 飞播造林主要飞机机型技术参数

技术参数		运五(运五 B)型飞机	运-12 型飞机	贝尔 206A 型直升飞机	小松鼠 AS350 直升飞机
播区 10 km 允许高差/m		300	500	1 000	1 000
作业航高/m		80~120	80~150	80~100	80~100
播区净空条件	两端/m	3 000	7 000	3 000	3 000
	两侧/m	2 000	2 500	1 000	1 000
距机场经济距离/km		120	200	50	50
航路速度/(km/h)		160~180	180~220	160~200	160~200
作业速度/(km/h)		150~160	160~180	120~160	120~160
标准转弯半径/m		750	1 830		
标准转弯时间		1 min 40 s	2 min 30 s		
载重量/kg		700~800	1 100~1 700	200~300	300~400
关箱长度/m		500	800	130	130
起飞滑跑距离/m		150~180	234		
着陆滑跑距离/m		150	219		

附录B

（资料性附录）

飞播造林播区调查统计表

播区地类面积统计表见表B.1。

成苗调查统计表见表B.2。

成效调查统计表见表B.3。

表B.1 播区地类面积统计表

单位：hm^2

县(市)名	播区名称	播区面积	宜播面积						非宜播面积				
			合计	造林面积				疏林地	合计	非林业用地	林业用地		
				小计	宜林荒山荒地	宜林沙荒地	其他宜林地				小计	有林地	其他

表B.2 成苗调查统计表

县(市)名	播区名称	播区面积/hm^2	播区宜播面积/hm^2	调查样地数/个	有效样地数/个	有效样地平均株数/株	平均每公顷株数/株	有苗样地数/个	有苗样地平均株数/株	有苗样地频度/%	成苗面积/hm^2	成苗评定

表B.3 成效调查统计表

单位：hm^2

县(市)名	播区名称	播区面积	播区宜播面积	播区成效面积				天然苗木面积				成效等级评定
				总计	占宜播面积比例/%	树种及面积		合计	占宜播面积比例/%	树种及面积		
						（树种）	…			（树种）	…	

附录C

(资料性附录)

主要飞播造林树(草)种适播地区

主要飞播造林树(草)种适播地区见表C.1。

表C.1 主要飞播造林树(草)种适播地区

树(草)种	生物学特性	适播地区
马尾松 *Pinus massoniana*	常绿乔木,强阳性,深根性,适应性强,耐瘠薄,喜酸性土壤,忌水湿,不耐盐碱	适播于淮河,伏牛山,秦岭以南至广东、广西的南部;东至东南沿海,西达贵州中部及四川大相岭以东。适播海拔:东部600~800 m以下,安徽、江苏、福建等省垂直适播上界与黄山松相接,皖西大别山适生范围600 m以下,皖南700 m以下,浙江天目山800 m以下,福建戴云山1 200 m以下
云南松 *Pinus yunnanensis*	常绿乔木,是云贵高原主要树种,生长迅速,适应性强,耐干旱瘠薄,天然更新容易,能飞籽成林	适播区域,东至贵州西部毕节、水城及广西西部百色地区;北至四川西部;西至西藏察隅;南抵滇文山、元江。适播海拔:滇南1 300 m以上,滇西北1 800~2 500 m,四川1 000~2 500 m,贵州1 000~2 000 m,广西600~2 000 m
思茅松 *Pinus khasya*	常绿乔木,属热带松类,速生、喜光。常生于山地红壤,种子易飞散,天然更新能力强	原分布于云南省南亚热带地区,适生海拔700~1 000 m。成功引进到四川、广东、海南等省,海拔400 m左右,干热河谷到1 500 m。四川西昌混播思茅松已成林
华山松 *Pinus armandi*	常绿乔木,适宜温凉湿气候,幼苗耐庇荫。山地褐土、山地黄棕壤、森林棕壤、红棕壤及草甸土均能生长	分布较广,晋南适用海拔1 000~1 500 m,陇东与陕西的关山、宁夏六盘山为1 000~2 000 m,陕南秦岭、巴山、皖西伏牛山为1 000~2 500 m,鄂西、川东为1 000~1 500 m,川北、川西为1 600~2 500 m,云南中、北、西北为1 400~2 800 m
高山松 *Pinus densata*	常绿乔木,喜光耐干旱树种,多适生于阳坡、半阳坡和半阴坡,对土壤要求不严,能耐干燥瘠薄,抗寒力较强,能耐-28 ℃的低温	分布于西部至西南高山地带,北达青海南部,经四川西部至西藏东部、云南西北部高山地带。适播海拔2 000~3 800 m。是四川高海拔地区飞播的主要树种

续表 C.1

树(草)种	生物学特性	适播地区
油松 *Pinus tabulae formis*	常绿乔木,抗寒能力强,可耐-25 ℃低温;喜光耐旱,耐瘠薄;适生于森林棕壤、淋溶褐土,根系发达,在山顶陡崖、裸露岩石、沙砾岩层均可生长	适播区很广,北至内蒙古阴山,西至宁夏贺兰山、青海祁连山、大通河;南至川甘接壤地区向东达陕西秦岭、黄龙山、河南伏牛山、山西太行山、河北燕山、山东沂蒙山,东北至辽宁西部。适播海拔:华北地区 1 000~1 500 m,辽宁西部 500 m 以下,近几年扩大到川东、鄂西、陕南海拔 800~1 600 m,生长良好
侧柏 *Platycladus orientalis*	常绿乔木,喜光,幼树喜庇荫。对土壤要求不严,在向阳干燥瘠薄山坡、石缝都能生长	分布很广,黄、淮河分布集中,吉林分布在海拔 250 m 以下,山东、山西在 1 000~1 200 m,河南、陕西可见于 1 500 m,云南可见于 2 600 m。近年陕西省宜川县和其他省区,多与其他树种进行混播,初步获得成效
黄山松 *Pinus laiwanensis*	常绿乔木,喜光树种,喜生凉润气候和相对湿度大的中山区,在土层深厚、排水良好的酸性土壤上生长良好	分布在浙江天目山,海拔 700~1 200 m;福建戴云山、武夷山 1 000 m 以上;安徽大别山 600~1 700 m;江西、湖北东部、湖南东部等海拔 600~1 800 m 山地
台湾相思 *Acacia confusa*	常绿乔木,比较耐干旱瘠薄,更耐高温。生长快,适应性强	原产我国台湾省。现已引种到广东、广西、福建和江西等南亚热带地区,北到福建省福州和宁德。北纬 26°仍可生长,海南岛可栽植在海拔 800 m 以上。20 世纪 60 年代广东、广西、江西等省(区)与马尾松混播获得成功
木荷 *Schima superba*	常绿乔木,适应在多梅雨、夏季炎热多雨和冬季温暖的气候。对土壤的适应性强,凡酸性土壤均可生长	在我国南方分布很广,包括江苏苏州地区和安徽南部海拔 400 m 以下。福建、江西、浙江、湖南、湖北、四川、云南、贵州、广东、广西等省(区),一般分布在海拔 200~1 200 m。两广、江西等省(区)与马尾松混播获得成功
臭椿 *Ailanthus altissima*	落叶乔木,喜光,不耐阴。适应性强,除黏土外,各种土壤和中性、酸性及钙质土都能生长。生长快,根系深,萌芽力强。生长迅速,可以在 25 年内达到 15 m 的高度	分布于中国北部、东部及西南部,东南至台湾省。中国除黑龙江、吉林、新疆、青海、宁夏、甘肃和海南外,各地均有分布。垂直分布在海拔 100~2 000 m 范围内。是中国北部地区黄土丘陵、石质山区主要造林先锋树种

续表 C.1

树(草)种	生物学特性	适播地区
盐肤木 *Rhus chinensis*	落叶小乔木,高 2~10 m,喜光,对气候及土壤的适应性很强。是中国主要经济树种,可供制药和作工业染料的原料。其皮部、种子还可榨油	适应除东北北部的其他地区,在长江以南较适宜生长,海拔上限 2 800 m
栾树 *Koelreuleria paniculata*	落叶乔木或灌木,喜光、耐寒、耐干旱、耐瘠薄、耐盐渍及短期水涝,对环境的适应性强。喜欢生长于石灰质土壤中,深根性,萌蘖力强,有较强抗烟尘能力和抗风能力,可抗 -25 ℃低温,对粉尘、二氧化硫和臭氧均有较强的抗性	中国北部及中部大部分省区,世界各地有栽培。东北自辽宁起经中部至西南部的云南,以华中、华东较为常见,在中原地区尤其是许昌鄢陵多有栽植。多分布在海拔 1 500 m 以下的低山及平原,最高可达海拔 2 600 m
刺槐 *Robinia seudoacacia*	落叶乔木,高 10~25 m。有一定的抗旱、抗烟尘、耐盐碱作用。生长迅速,木材坚硬,适生范围广,是改良土壤、水土保持、防护林、“四旁”绿化的优良多功能树种	原产美国,现中国各地广泛栽植。在黄河流域、淮河流域多集中连片栽植,生长旺盛。垂直分布在 400~1 200 m。可作为水土保持树种、荒山造林先锋树种
漆树 *Rhus verniciflua*	落叶乔木,喜光,幼苗能耐一定的庇荫,喜生背风向阳、光照充足湿润的环境,适应性强,耐低温。疏松肥沃、排水良好、沙质土壤生长良好	在我国分布较广,包括陕西、川东、鄂西和贵州毕节、遵义及云南昭通等地。垂直分布多见于海拔 600~1 500 m。近几年,鄂西、陕南和川东与华山松、油松等混播获得成功
柏木 *Cupressus funebris*	常绿乔木,为喜光树种,对土壤适应性广,中性酸性及钙土均能生长,喜温暖湿润气候,耐寒性较强,耐干旱瘠薄	分布地区较广,浙江、安徽、福建、江西、湖南、湖北、四川、贵州等省(区)及云南中部、广东北部、甘肃南部、陕西南部地区皆有分布。垂直分布自东向西随地形变化而升高,浙江海拔 400 m 以上,四川康定以东海拔 1 600 m 以下,陕西秦岭南坡海拔1 000 m 以下,贵州海拔 300~1 400 m,云南中部海拔 1 500~2 000 m

续表 C.1

树(草)种	生物学特性	适播地区
枫香 *Lquidambr formaonsana*	落叶乔木,高达 30 m,喜阳光,耐火烧,萌生力极强	产于我国秦岭及淮河以南各省,北起河南、山东,东至台湾,西至四川及西藏,南到广东、海南。近年江西飞播已获成功
旱冬瓜 *Alnus nepalensis*	落叶乔木,喜光树种,对土壤要求不严,生长快,抗寒能力强,可耐极端最低气温 -13.5 ℃,喜疏松、湿润、肥沃土壤	分布于云南各地及四川西南部、贵州西南部和广西西部等地。在云南垂直分布在海拔 1 000~2 700 m,以 1 400~2 400 m 分布较多
桤木 *Alnus cremastogyne*	落叶乔木,喜光,喜温湿,耐水。在土壤和空气湿度大的环境中生长良好	主要分布于四川盆地。西至康定,东达贵州高原北部,南及云南东北部,北界达秦岭。垂直分布常见于海拔 1 200 m 以下的丘陵地和平原区,有时亦可分布到 1 800 m 左右的中山区
乌桕 *Sapium sebiferum*	落叶乔木,喜光树种,对土壤适应性及土壤酸碱度适应性较强,耐水湿	为亚热带树种。广泛分布在西南、华中、华东、华南地区,同时在西北地区的陕西和甘肃也有分布。主要栽培区为长江流域及其以南各省。长江流域的浙江、湖南、安徽等省在海拔 600~800 m,在云南澄江地区垂直分布可达 1 850 m
黄连木 *Pistacia chinensis*	喜光树种,适生于光照充足的环境。主根发达,萌芽力和抗风力强。对土壤要求不严,耐干旱瘠薄	分布很广,北自河北、山东,南至广东、广西,东到台湾,西南到四川、云南,都有野生和栽培。垂直分布,河北海拔 600 m 以下,河南 800 m 以下,湖南、湖北 1 000 m 以下,贵州可达 1 500 m,云南可分布到 2 700 m
紫穗槐 *Amorpha fruticosa*	落叶丛生灌木,喜光树种,生长快,繁殖力强,适应性广,耐水湿,耐干旱瘠薄,耐盐碱,对土壤要求不严,可作为混交的伴生树种	主要分布在东北中部以南及华北、西北各省(区),同时在长江流域海拔 1 000 m 以下的平原、丘陵、山地多有栽培,广西及云贵高原也在试验引种
沙拐枣 *Calligonum arborescens*	旱生喜光灌木,抗干旱、高温、风蚀、沙埋、盐碱,根系发达,易于繁殖,生长迅速	主要分布于准格尔盆地、柴达木盆地四周、河西走廊、阿拉善高原、鄂尔多斯等地的沙漠戈壁上。垂直分布一般在海拔 150~1 700 m。广泛应用于飞播治沙造林
白沙蒿 *Artemisia sphaerocephala*	落叶半灌木,耐旱、耐瘠薄、抗风蚀、喜沙埋,生长迅速,固沙作用强。属固沙先锋植物	广泛分布于半荒漠的流动沙地上,最东可达陕西北部。是北方流动沙区飞播的主要植物种之一

续表 C.1

树(草)种	生物学特性	适播地区
黑沙蒿 *Artemisia ordosica*	落叶半灌木,耐旱、耐瘠薄、抗风蚀、喜沙埋,生长迅速,固沙作用强。属固沙先锋植物	广泛分布于半荒漠的流动沙地上,是北方流动沙区飞播的主要植物种之一
锦鸡儿 (小叶锦鸡儿、中间锦鸡儿、柠条锦鸡儿) *Caragana* spp.	落叶灌木,喜光耐寒,且耐高温。在-32~55 ℃地温都能生长,并耐干燥瘠薄,在黄土丘陵、半固定沙地生长良好	在吉林、辽宁、山东、山西、内蒙古、陕西、甘肃等省(区)均有分布。多分布在海拔 1 000~2 000 m 的沙漠、黄土高原。近几年来,飞播试验初步获得成功
花棒 *Hedysarum scoparium*	落叶灌木,喜光耐寒,耐沙埋能力强,抗热性强、能耐 40~52.5 ℃高温,幼龄阶段生长快,当年高生长 36~68 cm	自然分布在甘肃、宁夏、内蒙古和新疆的沙漠地区。陕西榆林和内蒙古伊盟等地进行飞播试验均获得良好效果。为飞播固沙造林的优良树种之一
踏郎 *Hedysarum mongolicum*	多年生落叶灌木,株高 1~2 m,是优良固沙树种,能耐风蚀、沙埋,萌蘖繁殖力强,随着树木年龄的增加,萌蘖丛幅不断扩大,根上生有根瘤菌,能改良土壤	自然分布主要在内蒙古、甘肃、宁夏、陕西等省(区),陕西省榆林、内蒙古鄂尔多斯等在沙区进行了飞播试验,效果良好。是北方沙区用于飞播的优良固沙树种
沙棘 *Hippophae rhamnoides*	落叶灌木或小乔木,喜光,也能生长于疏林下,对气候、土壤适应性很强。抗严寒、风沙,耐干旱和高温,耐水湿和盐碱,不耐过于黏重的土壤	主要分布在华北、西北及西南地区,垂直分布在海拔 1 000~4 000 m。当前已广泛用作荒山和保土固沙造林,也是华北、西北飞播造林和混播的主要灌木之一
荆条 *Viter negundo* var. *heterophylla*	多年生落叶灌木,株高 1~3 m,耐干旱瘠薄,是北方阳坡的主要灌木树种	分布在河北、山西、河南、陕西等省,垂直分布在海拔 1 200 m 以下,是北方石质山区飞播造林的混播树种之一
坡柳(车桑子) *Dodonaea viscosa*	灌木,耐旱,喜光,在荒坡、荒沙成片趄生,为干热河谷固沙保土树种	分布于福建南部、广东、广西、海南、四川、云南,适宜在干热河谷地区海拔 1 900 m 以下飞播

续表 C.1

树(草)种	生物学特性	适播地区
沙打旺 *Astragalus adsurgens*	多年生草本植物，寿命5~8年，丛生。单个植株可分蘖30~70株，高1~2 m，是钙质土指示植物，耐寒、耐旱、耐盐碱、耐瘠薄，竞争力强，对其他植物有抑制作用	天然分布较广，东北、内蒙古、宁夏、甘肃、陕西、山西、江苏、江西、云南都有分布。一般生长于海拔700~3 150 m的山坡、河滩、沙漠、黄土高原等不同环境。陕西省从1976年开始飞播试验，2~3年可以形成草地
草木樨 *Melilotus officinalis*	为二年生豆科牧草，具有耐寒、耐旱、耐盐碱、耐瘠薄等特点	分布较广，在东北、西北、内蒙古等省(区)的黄土丘陵及沙地都有生长。西北各省、内蒙古等地开展了治沙和水土保持试验，成效显著

附录 D
（资料性附录）

主要飞播造林树(草)种可行播种量

主要飞播造林树(草)种可行播种量见表 D.1。

表 D.1 主要飞播造林树(草)种可行播种量 单位：g/hm^2

树(草)种	飞播造林地区类型			
	荒山	偏远荒山	能萌生阔叶树地区	黄土丘陵区、沙区
马尾松	2 250~2 625	1 500~2 250	1 125~1 500	
云南松	3 000~3 750	1 500~2 250	1 500	
思茅松	2 250~3 000	1 500~2 250	1 500	
华山松	30 000~37 500	22 500~30 000	15 000~22 500	
油松	5 250~7 500	4 500~5 250	3 750~4 500	
黄山松	4 500~5 250	3 750~4 500		
侧柏	1 500~2 250(混)	1 500~2 250(混)	3 750~4 500(混)	
柏木	1 500~2 250(混)	1 500~2 250(混)	3 750~4 500(混)	
台湾相思	1 500~2 250(混)			
木荷	750~1 500(混)			
漆树	3 750	3 750~7 500		
盐肤木	1 500~2 250(混)	1 500~2 250(混)	2 250~3 750(混)	
臭椿	1 500~2 250(混)	1 500~2 250(混)	1 500~2 250(混)	
刺槐	1 500~2 250(混)	2 250~3 750(混)	3 750~4 500(混)	
白榆	1 500~2 250(混)	1 500~2 250(混)	1 500~2 250(混)	
锦鸡儿				7 500~9 000
沙棘				7 500~9 000
踏郎				3 750~7 500
花棒				3 750~7 500
沙拐枣				1 500~3 700
白沙蒿				750~1 000
黑沙蒿				750~1 000
草木樨				750~1 000
沙打旺				1 000~1 750

附录 2　林木种子质量分级

（GB 7908—1999）

1　范围

本标准规定了我国主要造林绿化树种种子净度、发芽率、生活力、优良度和含水量等技术指标。

本标准适用于育苗、造林绿化及国内、国际贸易的乔木、灌木种子划分等级。

2　分级要求

种子质量分为 3 级。以种子净度与发芽率，或与生活力，或与优良度和含水量的指标划分等级。等级各相关技术指标不属于同一级时，以单项指标低的定等级。

林木种子质量分级见表 1。

表 1　林木种子质量分级表　　%

序号	树种	Ⅰ级				Ⅱ级				Ⅲ级				各级种子含水量不高于
		净度不低于	发芽率不低于	生活力不低于	优良度不低于	净度不低于	发芽率不低于	生活力不低于	优良度不低于	净度不低于	发芽率不低于	生活力不低于	优良度不低于	
1	冷杉 *Abies fabri*(Mast.) Craib	75	18			65	10							10
2	岷江冷杉 *A.faxoniana* Rehd.et Wils.	85	20			80	10							10
3	杉松(沙松) *A.holophylla* Maxim.	90	40			85	30							10
4	柳杉 *Cryptomeria fortunei* Hooibrenk	95	40			90	30			90	20			12
5	杉木 *Cunninghamia lanceolata* (Lamb.) Hook.	95	50			90	40			90	30			10
6	干香柏 *Cupressus duclouxiana* Hicket	90	30			80	20							10
7	柏木 *C.funebris* Endl.	95	40			95	30			90	20			12
8	福建柏 *Fokienia hodginsii* (Dunn.) Henry et Thomas	95	55			90	35			90	20			10
9	银杏 *Ginkgo biloba* L.	99	85		90	99	75		80	99	65		70	25~20*)
10	杜松 *Juniperus rigida* Sieb.et Zucc.	95			60	90			50	90			35	10

续表 1

%

序号	树种	Ⅰ级				Ⅱ级				Ⅲ级				各级种子含水量不高于
		净度不低于	发芽率不低于	生活力不低于	优良度不低于	净度不低于	发芽率不低于	生活力不低于	优良度不低于	净度不低于	发芽率不低于	生活力不低于	优良度不低于	
11	落叶松(兴安落叶松) *Larix gmelinii*(Rupr.) Rupr.	95	50			95	40			90	30			10
12	日本落叶松 *L.kaempferi*(Lamb.) Carr.	97	45			93	40			90	35			10
13	黄花落叶松(长白落叶松) *L.olgensis* Henry	98	55			95	40			90	30			10
14	红杉 *L.potaninii* Batal.	95	50			85	40			75	30			10
15	华北落叶松 *L.principis-rupprechtii* Mayr.	98	60			95	50			90	40			10
16	西伯利亚落叶松 *L.sibirica* (Münchh.) Ledeb.	96	70			93	55			90	40			10
17	水杉 *Metasequoia glypto stroboides* Hu et Cheng	90	13			85	9			85	5			11
18	云杉 *Picea asperata* Mast.	85	75			80	65			80	55			10
19	麦吊云杉 *P.brachytyla* (Franch.) Pritz.	80	50			75	40			70	30			10
20	鱼鳞云杉 *P. jezoensis* var. *microsperma* (Lindl.) Cheng et L.K.Fu	95	80			90	70			85	60			10
21	红皮云杉 *P.koraiensis* Nakai	95	80			93	70			90	60			10
22	白杄 *P.meyeri* Rehd.et Wils.	95	80			90	70			90	60			10
23	天山云杉 *P. schrenkiana* var. *tianshanica* Cheng et S.H.Fu	90	75			90	65			85	55			10
24	青杄 *P.wilsonii* Mast.	95	80			90	70			90	60			10
25	华山松 *Pinus armandi* Franch.	97	75			95	70			95	60			10
26	白皮松 *P.bungeana* Zucc.ex Endl.	95	70	75		95	55	60		90	50	50		10
27	赤松 *P.densiflora* Sieb.et Zucc.	95	80			95	70			90	60			10
28	湿地松 *P.elliottii* Engelm.	99	85			99	70			96	60			10

续表1　　%

序号	树种	Ⅰ级				Ⅱ级				Ⅲ级				各级种子含水量不高于
		净度不低于	发芽率不低于	生活力不低于	优良度不低于	净度不低于	发芽率不低于	生活力不低于	优良度不低于	净度不低于	发芽率不低于	生活力不低于	优良度不低于	
29	思茅松 *P. kesiya* Royle ex Gord. var. *langbianensis* (A. Chey.) Gaussen	95	75			92	65			90	60			12
30	红松 *P.koraiensis* Sieb.et Zucc.	98		90		96		75		94		60		12~8
31	马尾松 *P.massoniana* Lamb.	96	75			93	60			90	45			10
32	晚松 *P. rigida* Mill var. *serotina* (Michx.) Loud.ex Hoopes	98	90			95	85			95	75			10
33	樟子松 *P.sylvestris* var.*mongolica* Litv.	98	85			93	75			90	60			10
34	油松 *P.tabulaeformis* Carr.	95	85			95	75			90	65			10
35	火炬松 *P.taeda* L.	99	80			99	70			96	60			10
36	黄山松 *P.taiwanensis* Hayata	98	70			93	60			90	50			12
37	黑松 *P.thunbergii* Parl.	98	80			95	70			95	60			10
38	云南松 *P.yunnanensis* Franch.	95	75			93	65			90	55			10
39	侧柏 *Platycladus orientalis* (L.) Franco	95	60			93	45			90	35			10
40	竹柏 *Podocarpus nagi* (Thunb). Zoll. et Mor.	98			90	95			85	95			80	20~16*)
41	金钱松 *Pseudolarix kaempferi* (Lindl.) Gord.	95	80			90	65			90	50			12
42	圆柏 *Sabina chinensis* (L.) Ant.	95			60	90			50	90			35	10
43	池杉 *Taxodium ascendens* Brongn.	40		50		35		40		35		30		10
44	红豆杉 *Taxus chinensis* (Pilg.) Rehd.	98			95	95			85					20
45	紫杉(东北红豆杉) *T.cuspidata* Sieb.et Zucc.	98			95	95			85	90			80	20

续表 1 %

序号	树种	Ⅰ级				Ⅱ级				Ⅲ级				各级种子含水量不高于
		净度不低于	发芽率不低于	生活力不低于	优良度不低于	净度不低于	发芽率不低于	生活力不低于	优良度不低于	净度不低于	发芽率不低于	生活力不低于	优良度不低于	
46	台湾相思(相思树) *Acacia richii* A.Gray	98	80			95	70			95	60			10
47	梣叶槭 *Acer negundo* L.	95			80	90			65					10
48	元宝槭 *A.truncatum* Bunge	95			80	90			65					10
49	臭椿 *Ailanthus altissima* (Mill.) Swingle	95	65			90	55			90	45			10
50	合欢 *Albizzia julibrissin* Durazz.	98	80			95	70							10
51	桤木 *Alnus cremastogyne* Burkill		1 000粒/g				800粒/g				600粒/g			9
52	紫穗槐 *Amorpha fruticosa* L.	95	70			90	60			85	50			10
53	团花 *Anthocephalus chinensis* (Lain.) A.Rich.ex Walp.	90	60			85	50			80	40			8
54	羊蹄甲 *Bauhinia purpurea* L.	98	70			95	60			90	50			15
55	红桦 *Betula albo-sinensis* Burkill		2 000粒/g				1 400粒/g				800粒/g			8
56	白桦 *B.platyphylla* Suk.	85	45			70	30			60	25			10~9
57	重阳木 *Bischofia javanica* Bl.	98	65			95	55			90	45			15
58	木豆 *Cajanus cajan*(L.)Millsp.	95	75			90	65			90	55			12
59	油茶 *Camellia oleifera* Abel.	99	80			99	70			99	60			20~15*)
60	喜树(旱莲木) *Camptotheca acuminata* Decne.	98	70			95	60			90	50			12
61	柠条锦鸡儿 *Caragana korshinskii* Kom.	97	85			90	75			80	65			9
62	小叶锦鸡儿 *C.microphylla* Lain.	95	75			90	65			85	55			9
63	锦鸡儿 *C.sinica*(Bue'hoz)Rehd.	95	70			90	60			85	55			9
64	铁刀木 *Cassia siamea* Lam.	85	90			75	70			75	50			13

续表 1 %

序号	树种	Ⅰ级				Ⅱ级				Ⅲ级				各级种子含水量不高于
		净度不低于	发芽率不低于	生活力不低于	优良度不低于	净度不低于	发芽率不低于	生活力不低于	优良度不低于	净度不低于	发芽率不低于	生活力不低于	优良度不低于	
65	锥栗 *Castanea henryi*(Skan) Rehd. et Wils.	98			90	95			80	95			70	30~25*)
66	板栗 *C.mollissima* Blume	98			85	96			75	96			65	30~25*)
67	红椎 *Castanopsis hystrix* A.DC.	95			90	95			80	95			70	30~25*)
68	细枝木麻黄 *Casuarina cunninghamiana* Miq.		280粒/g				200粒/g				120粒/g			10
69	木麻黄 *C.equisetifolia L.*		1 330粒/g				1 070粒/g				810粒/g			10
70	樟树 *Cinnamomum camphora* (L.) Presl	98			90	95			80	95			70	20~12*)
71	肉桂 *C.cssia* presl	98	80			95	70			95	60			20~16*)
72	山楂 *Crataegus pinnatifida* Bunge	98			60	95			40	95			30	8
73	巴豆 *Croton tiglium* L.	95			80	93			70	90			60	12
74	降香黄檀 *Dalbergia odorifera* T.Chen	90	80			80	65			80	50			10
75	猫儿屎 *Decaisnea fargesii* Franch.	95	55			90	45							20*)
76	君迁子 *Diospyros lotus* L.	98	80			95	70			90	60			10
77	沙枣 *Elaeagnus angustifolia* L.	98	90			95	80			95	70			10
78	黄杞 *Engelhardtia roxburghiana* Wall.	80	70			75	60			75	50			15*)
79	格木 *Erythrophleum fordii* Oliv.	95	80			90	70			90	60			10
80	赤桉 *Eucalyptus camaldulensis* Dehnh		350粒/g				300粒/g				250粒/g			6
81	柠檬桉 *Eu.citriodora* Hook.	95	90			90	80			90	70			8
82	窿缘桉 *Eu.exserta* F.Muell.		300粒/g				240粒/g				180粒/g			6
83	蓝桉 *Eu.globulus* Labill.	95	85			90	75			90	65			6

续表 1 %

序号	树种	Ⅰ级				Ⅱ级				Ⅲ级				各级种子含水量不高于
		净度不低于	发芽率不低于	生活力不低于	优良度不低于	净度不低于	发芽率不低于	生活力不低于	优良度不低于	净度不低于	发芽率不低于	生活力不低于	优良度不低于	
84	大叶桉 *Eu. robusta* Smith		320 粒/g				260 粒/g				200 粒/g			6
85	蜡皮桉 *Eu. rubida* Decne et Maiden		400 粒/g				300 粒/g				200 粒/g			6
86	杜仲 *Eucommia ulmoides* Oliv.	98	75			98	65			98	55			10
87	柃木 *Eurya japonica* Thunb.	90	65			85	55							12
88	梧桐 *Firmiana simplex* (L.) W. F. Wight	95	80			90	70							12
89	白蜡树 *Fraxinus chinensis* Roxb.	95			75	95			55	90			35	11
90	水曲柳 *F. mandshurica* Rupr.	96		80		93		65		90		50		11
91	花曲柳 *F. rhynchophylla* Hance	96		80		93		70		90		60		11
92	皂荚 *Gleditsia sinensis* Lam.	98	75		80	98	65		70					11
93	梭梭 *Haloxylon ammodendron* (Mey.) Bunge	95	80			90	75			85	65			8
94	踏郎 *Hedysarum laeve* Maxim.	96	85			94	75			92	65			10
95	蒙古岩黄蓍(羊柴) *H. mongolicum* Turcz	95	65			90	60			85	50			10
96	花棒(细枝岩黄蓍) *H. scoparium* Fisch. et Mey.	90	70			85	65			80	55			10
97	沙棘 *Hippophae rhamnoides* L.	90	80			85	70			85	60			9
98	坡垒 *Hopea hainanensis* Merr. et Chun	95	90			95	80			95	60			35*)
99	核桃楸 *Juglans mandshurica* Maxim.	99		85		99		75						10
100	核桃 *J. regia* L.	99	80			99	70							12
101	胡枝子 *Lespedeza bicolor* Turcz.	95	90			93	75			90	65			10
102	女贞 *Ligustrum lucidum* Air.	95			85	95			75					12

续表1

%

序号	树种	Ⅰ级				Ⅱ级				Ⅲ级				各级种子含水量不高于
		净度不低于	发芽率不低于	生活力不低于	优良度不低于	净度不低于	发芽率不低于	生活力不低于	优良度不低于	净度不低于	发芽率不低于	生活力不低于	优良度不低于	
103	枸杞 *Lyeium chinense* Mill.	98	90			95	80			95	70			8
104	朝鲜槐 *Maackia amurensis* Rupr. et Maxim.	96	80			90	75			90	70			9
105	山荆子 *Malus baccata*(L.)Borkh.	95		80		90		65		90		50		10
106	海棠花 *M.spectabilis*(Ait.)Borkh.	95			80	90			70	90			60	10
107	楝树 *Melia azedarach* L.	98			95	98			85					10
108	川楝 *M.toosendan* Sieb.et Zucc.	98			95	98			85					10
109	醉香含笑(火力楠) *Michelia macclurei* Dandy	94	80			94	65			94	50			15*)
110	桑 *Morus alba* L.	95	80			90	70		90	60				12
111	壳莱果(米老排) *Mytilaria laosensis* Lec.	90	95			85	80		85	65				20~18
112	兰考泡桐 *Paulownia elongata* S.Y.Hu		2 400 粒/g				2 100 粒/g				2 000 粒/g			8
113	白花泡桐 *P.fortunei*(Seem.)Hemsl.		1 800 粒/g				1 500 粒/g				1 200 粒/g			8
114	黄菠萝(黄檗) *Phellodendron amurense* Rupr.	96		80		93		70		90		60		10
115	桢楠 *Phoebe zhennan* S. Lee et F. N.Wei	98	80		85	95	70		75	95	60	65		20~12*)
116	黄连木 *Pistacia chinensis* Bunge	95	75	80		90	55	60		90	40	45		10
117	青杨 *Populus cathayana* Rehd.	95	85			80	65							6
118	山杨 *P.davidiana* Dode	95	85			90	80			90	75			6
119	箭杆杨 *P. nigra* var. *the vestina* (Dode)Bean	95	85			80	65							6
120	小叶杨 *P.simonii* Carr.	90	95			85	90			80	85			6
121	毛白杨 *P.tomentosa* Cart.	90	85			90	80							6

续表 1

%

序号	树种	Ⅰ级				Ⅱ级				Ⅲ级				各级种子含水量不高于
		净度不低于	发芽率不低于	生活力不低于	优良度不低于	净度不低于	发芽率不低于	生活力不低于	优良度不低于	净度不低于	发芽率不低于	生活力不低于	优良度不低于	
122	大青杨 *P.ussuriensis* Kom.	95	90			90	85			90	80			6
123	山杏 *Prunus armeniaca* var. *ansu* Maxim.	99		90		99		80		99		70		10
124	山桃 *P.davidiana* (Carr.) Franch.	99		90		99		80		99		70		10
125	枫杨 *Pterocarya stenoptera* C.DC.	98			85	98			70					10
126	火棘 *Pyracantha fortuneana* (Maxim.) Li	90	35			80	25							15
127	杜梨 *eyrus betulaefolia* Bunge	95		80		90		70		90		60		10
128	麻栎 *Quercus acutissima* Carr.	99	80	80	85	97	65	65	70	95	50	55	60	30~25*)
129	蒙古栎(蒙古柞) *Q.mongolica* Fisch.	95	75	75	80	90	70	70	75	90	65	65	70	35*)
130	栓皮栎 *Q.variabilis* BI.	99	80	85	85	97	65	70	75	95	50	55	65	30~25*)
131	盐肤木 *Rhus chinensis* Mill.	90	60			90	50			90	40			15
132	火炬树 *Rh.typhina* L.	98	85			95	75			90	65			12~10*)
133	刺槐 *Robinia pseudoacacia* L.	95	80			90	70			90	60			10
134	旱柳 *Salix matsudana* Koidz.	85	80			80	70							6
135	乌桕 *Sapium sebiferum* (L.) Roxb.	98			90	95			80	90			70	10
136	檫木 *Sassafras tsumu* (Hemsl.) Hemsl.	95	55			85	40			85	30			32~25*)
137	木荷 *Schima superbsa* Gardn.et Champ.	90	40			85	30			80	20			12
138	槐树 *Sophora japonica* L.	95	80			90	70			90	60			10
139	柚木 *Tectona grandis* L.f.	90			85	90			70					10
140	紫椴 *Tilia amurensis* Rupr.	98		70		95		60		95		50		12

续表 1

%

序号	树种	Ⅰ级				Ⅱ级				Ⅲ级				各级种子含水量不高于
		净度不低于	发芽率不低于	生活力不低于	优良度不低于	净度不低于	发芽率不低于	生活力不低于	优良度不低于	净度不低于	发芽率不低于	生活力不低于	优良度不低于	
141	香椿 *Toona sinensis* (A.Juss.) Roem.	90	75			90	65			85	55			10
142	木蜡树 *Toxicodendron sylvestre* (Sieb. et Zucc.) Kuntze	95	80			90	70			90	60			15
143	漆树 *T.verniciflum* (Stokes) F.A.Barkleg	98			80	98			70					12~10*)
144	棕榈 *Trachycarpus for tuneri* (Hook. f.) ft.Wend I.	98			80	95			70	95			60	10
145	白榆 *Ulmus pumila* L.	90	85			85	75			80	65			8
146	青梅 *Vatica astrotricha* Hance	90	95			85	85			80	70			40~35*)
147	油桐 *Vernicia fordii* (Hemsl.) Airy-Shaw	98	90			98	80			98	70			14~12*)
148	文冠果 *Xanthoceras sorbifolia* Bunge	98		85		95		75		95		60		11
149	花椒 *Zanthoxylum bungeanum* Maxim.	90	75			90	65			90	55			12

注：*）种子含水量指标适用于种子收购、运输、临时贮藏。

附录3 防护林造林工程投资估算指标

（林规发〔2016〕58号）

第一章 总 则

第一条 为了合理估算防护林工程建设投资，做到技术先进，指标适用可行，确保各类防护林造林质量和成效，满足防护林工程建设与管理需要，依据国家林业局计财司关于部署2014年林业工程建设标准编制工作的通知（规建函〔2014〕34号），以及《林业工程建设标准制（修）订项目合同》，修订本标准。

第二条 本标准规定了防护林工程建设中人工造林、飞播造林、封山（沙）育林的造林费用投资指标，以及沙障、围栏、整地、浇水、地膜、保水剂、生长调节剂、树干涂白、泡苗池、假植、客土、脱碱降盐改土等特殊地区造林辅助措施费用投资指标。

第三条 本标准适用于防护林工程建设与管理，以及造林工程建设中造林和管护期间的投资估算。

第四条 本标准适用于防护林工程建设中特殊地区造林辅助措施的投资估算。

第五条 本标准适用于防护林工程建设中工程建设其他费用和不可预见费的投资估算。

第六条 本标准术语和定义在条文说明中释义。

第七条 退化林修复、迹地更新、人工促进天然更新、更新改造等造林部分的投资估算可参照本标准。

第二章 指标体系构成

第八条 投资估算指标体系由造林区域、造林方式、防护林二级林种和造林模式构成。

一、造林区域分区标准按现行国家标准《造林技术规程》（GB/T 15776）的规定，划分为寒温带区、中温带区、暖温带区、亚热带区、热带区、半干旱区、干旱区、极干旱区、高寒区9个区。

二、造林方式按人工造林、飞播造林和封山（沙）育林划分。

三、防护林林种按水源涵养林、水土保持林、防风固沙林、农田防护林、农田牧场防护林、护路林、护岸林、沿海防护林和生态经济型防护林划分。

四、投资估算指标体系以造林模式为基本单元，其主要构成要素和因子是控制造价的主导因素。

1. 人工造林模式主要因子为：树种、初植密度、造林方式、整地方式、整地规格、浇水、苗木（种子）栽植（播种）、未成林抚育、管护等。

2. 飞播造林模式主要因子为：种子处理、地面处理（植被处理、简易整地）、飞行作业、播后管护和施工现场管理等。

3. 封山（沙）育林模式主要因子为：封育类型、主要封育树种、封禁设施（机械围栏、封育碑、标语牌）、育林措施（补植、补播、平茬复壮和人工促进整地）、管护和施工现场管理等。

第九条 防护林工程建设投资费用由造林工程建设投资费用和特殊地区造林辅助措施投资费用构成。

一、造林工程建设投资由营造林工程费用、工程建设其他费用和不可预见费构成。

1. 营造林工程费用由人工造林工程费用、飞播造林工程费用和封山（沙）育林工程费用构成。

（1）人工造林工程费用包括林地清理、整地、苗木（种子）、栽植（播种）、未成林抚育、管护等费用。

（2）飞播造林工程费用包括种子处理、地面处理、飞行作业、播后管护、施工现场管理等费用。

（3）封山（沙）育林工程费用包括封禁设施、育林措施、管护和施工现场管理等费用。

2. 工程建设其他费用包括建设单位管理费、调查设计费、工程监理费和招投标费。

3. 不可预见费包括基本预备费和价差预备费。

二、特殊地区造林辅助措施投资包括沙障、围栏、浇水、地膜覆盖、施肥、保水剂、生长调节剂、树干涂白、假植、泡苗池、客土、脱碱降盐改土等费用。

第三章 技术经济指标

第十条 表 3. 1. 1～表 3. 6. 12 为技术经济指标表，估算防护林工程建设造林投资时，应按本标准规定的技术经济指标取值。

一、人工造林技术经济指标表

1. 苗木技术指标表

造林工程所用苗木应符合本标准表 3. 1. 1 的规定。

2. 初植密度技术指标表

造林初植密度应符合本标准表 3. 1. 2 的规定。

3. 树种混交与比例技术指标表

防护林造林提倡混交林，树种混交可采用本标准表 3. 1. 3 的技术指标。

表 3.1.1 苗木技术指标表

项目内容		苗木类别	苗龄	质量等级	备注
针叶树	播种苗	实生苗	1-0	Ⅰ、Ⅱ级	容器苗
	百日苗	实生苗	0.5-0	Ⅰ、Ⅱ级	容器苗
	插条苗	无性系苗	1-0	Ⅰ、Ⅱ级	
	移植苗	实生苗	1-1	Ⅰ、Ⅱ级	容器苗
	移植裸根苗	实生苗	2-1	Ⅰ、Ⅱ级	
			2-2	Ⅰ、Ⅱ级	
	带土坨苗	实生苗	3-2	Ⅰ、Ⅱ级	

续表 3.1.1

项目内容		苗木类别	苗龄	质量等级	备注
阔叶树	插条苗	插条苗	$1_{(1)}$-0	Ⅰ、Ⅱ级	
			$1_{(2)}$-0	Ⅰ、Ⅱ级	
	播种苗	播种苗	1-0	Ⅰ、Ⅱ级	容器苗
			2-0	Ⅰ、Ⅱ级	裸根苗
			1-1	Ⅰ、Ⅱ级	
	杨树插条苗	插条苗	$1_{(2)}$-1	Ⅰ、Ⅱ级	
	经济苗木	实生苗	1-0	Ⅰ、Ⅱ级	
		嫁接苗	1-0	Ⅰ、Ⅱ级	
竹苗		地下茎		Ⅰ、Ⅱ级	母竹1~2年生 竹鞭3~6龄的壮龄鞭
灌木		实生苗	1-0、2-0	Ⅰ、Ⅱ级	容器苗

表 3.1.2 初植密度技术指标表

项目内容		单位	初植密度	备注
主要树种	林种			
松类、杉类、马尾松、国外松、云杉、柏木、阔叶类（桤木、桦木、栎类、元宝枫、楠木、臭椿、刺槐、木荷、旱柳等）	水源涵养林 水土保持林	株/hm²	600~3 330	适用一般山区
樟子松、油松、木麻黄、杨、榆、山杏、柠条、沙枣、柽柳、梭梭等	防风固沙林	株/hm²	210~1 110	乔木林
			420~10 000	乔灌混交、灌木造林
杨、柳、白蜡、竹类、松类、栎类、桤木、檫木、刺槐、柏树、灌木等	水土保持林	株/hm²	300~3 600	适用石漠化地区有效造林面积
杨、榆、松类、水杉、池杉、冬樱花、樟树、滇朴等	农田牧场防护林	株/hm²	810~2 500	
杨、柳、枫杨、乌桕、桉树、樟树、柏类等	护路林、护岸林	株/hm²	510~1 665	
漆树、花椒、竹类、杜仲、板栗、油茶、长柄扁桃、核桃、文冠果、茶叶、枣等	生态经济型防护林	株/hm²	420~1 665	适用生态经济型防护林的营建
木麻黄、桉树、湿地松、相思、海桑、红海榄、秋茄等	海岸防护林	株/hm²	900~2 500	含平地、台地、山地、丘陵和滩涂造林
	其中：红树林	株/hm²	1 350~15 000	

表 3.1.3 树种混交与比例技术指标表

林分类型	针叶树	阔叶树	灌木	乔木（针或阔）	备注
针针混交	(4~5):(6~5) 3:3:4				
针阔混交	6~4	4~6			
乔灌混交			4~6	6~4	
阔阔混交		(6~5):(4~5) 3:3:4			
灌灌混交			(4~5):(6~5)		

4. 林地清理技术经济指标表

防护林造林林地清理，技术经济指标应符合本标准表 3.1.4 的规定。

表 3.1.4 林地清理技术经济指标表

类型	植被盖度	清理方式	清理规格		工程量：机械设备清理/（台班/hm²）	工程量：人工清理/（工日/hm²）	备注
杂灌为主	<30%	带状清理	带宽	1.5 m	0.3~0.5	1.5~3.3	1. 除特殊地区个别地块，一般情况下不得采用全面清理。 2. 本标准工程量按 2 500 株/hm²计算
		团块状清理	1.0 m×1.0 m		0.2~0.3	1.0~1.7	
		全面清理			0.3~1.1	3.8~5.6	
	30%~50%	带状清理	带宽	1.5 m	0.5~0.7	5.2~11.6	
		团块状清理	1.0 m×1.0 m		0.3~0.5	3.4~4.8	
		全面清理			1.1~1.9	13.4~19.7	
	50%~80%	带状清理	带宽	1.5 m	0.7~1.0	11.2~24.9	
		团块状清理	1.0 m×1.0 m		0.5~0.8	7.3~9.9	
		全面清理			1.9~3.0	28.8~42.2	
	>80%	带状清理	带宽	1.5 m	1.0~1.4	18.7~41.5	
		团块状清理	1.0 m×1.0 m		0.7~1.1	12.2~14.3	
草本为主	<30%	带状清理	带宽	1.5 m	0.2~0.4	1.2~1.8	
		团块状清理	1.0 m×1.0 m			0.7~1.1	
		全面清理			0.2~0.8	3.1~4.7	
	30%~50%	带状清理	带宽	1.5 m	0.4~0.6	4.2~6.3	
		团块状清理	1.0 m×1.0 m			2.5~3.3	
		全面清理			0.8~1.4	10.1~16.6	
	50%~80%	带状清理	带宽	1.5 m	0.6~0.9	9.0~13.5	
		团块状清理	1.0 m×1.0 m			5.3~7.2	
		全面清理			1.4~2.0	23.1~35.7	
	>80%	带状清理	带宽	1.5 m	0.9~1.3	15.0~22.6	
		团块状清理	1.0 m×1.0 m			8.9~10.4	

5. 整地技术经济指标表

防护林造林整地,技术经济指标应符合本标准表 3.1.5 的规定。

表 3.1.5 造林整地技术经济指标表

项目	规格	单位	人工整地					机械整地
			砂土	壤土	黏土	石质土	盐渍土	
带状	窄带(1 m)	工日·台班/hm²	11~19	14~21	16~30	19~33	14~21	
	中带(1.5 m)		19~34	20~36	25~45	30~56	20~36	1.1~1.9
	宽带(2 m)		23~43	26~50	34~63	37~68	26~50	1.4~2.6
穴状	30×30×30(cm)	工日/hm²	12~24	15~30	19~37	27~49	15~30	0.3~0.6
	40×40×30(cm)		15~28	17~35	23~42	30~56	17~35	0.5~1.1
	50×50×40(cm)		31~60	36~74	46~89	62~114	36~74	1.1~2.3
	60×60×50(cm)		56~109	65~132	85~156	111~208	65~132	2.0~4.1
	80×60×40(cm)		58~114	69~139	93~167	123~227	69~139	2.1~4.4
	80×80×60(cm)		111~227	139~278	185~313	222~417	139~278	4.3~9.3
	100×60×40(cm)		69~139	85~167	111~192	139~250	85~167	2.6~5.4
块状	80×80(cm)	工日/hm²	15~28	19~36	24~44	29~50	19~36	
全面整地		工日/hm²	14~29	16~32	18~36	21~41	16~32	
鱼鳞坑	60×60×40(cm)	工日·台班/hm²		53~104	69~125	85~167		1.8~3.7
	100×60×40(cm)			93~179	111~208	139~250		3.0~6.3
	150×60×40(cm)			139~278	159~313	222~357		4.4~9.3

6. 栽植技术经济指标表

防护林造林栽植技术经济指标应符合本标准表 3.1.6 的规定。

表 3.1.6 造林栽植技术经济指标表

造林方式			地貌类型		
			山地、丘陵	平原	沙区
播种造林	穴播/(穴/工日)		150~200	200~250	130~150
	条播/(m/工日)		200~250	300~350	130~150
	撒播/(hm²/工日)		1.95~3.00	3.00~4.05	
	块状播种/(hm²/工日)		1.05~1.95	1.95~3.00	
植苗造林	穴植	容器苗/(株/工日)	20~50	60~80	70~100
		裸根小苗/(株/工日)	50~70	80~100	90~120
		裸根大苗/(株/工日)	15~25	25~35	80~110
		带土苗/(株/工日)	5~50	50~100	60~90
	缝植	裸根苗/(株/工日)	40~60	60~80	130~150
	沟植	裸根苗/(株/工日)	125~200	300~500	300~400

续表 3.1.6

造林方式		地貌类型		
		山地、丘陵	平原	沙区
分殖造林	插条/(株/工日)	150~200	200~250	200~400
	插干/(株/工日)	100~150	150~200	130~150
	移栽母竹/(株/工日)	10~15	20~25	
	移鞭/(株/工日)	50~100	100~150	
	分蔸造林/(株/工日)	40~60	75~100	

7. 未成林抚育技术经济指标表

人工造林未成林抚育技术经济指标应符合本标准表 3.1.7 的规定。

表 3.1.7　人工造林未成林抚育技术经济指标表

项目内容		单位	用工量
抚育	山地、丘陵	工日/(hm^2・次)	20~45
	平原、沙区	工日/(hm^2・次)	10~30
抚育	分区	抚育年限/年	抚育次数/(次/年)
	寒温带区、中温带区、暖温带区、热带区	3	2、2、1
	亚热带区	3	2、2、1或2、1、1
	半干旱区	3	1、2、1
	干旱区、极干旱区、高寒区	3	1、1、1

8. 未成林管护技术经济指标表

人工造林未成林管护技术经济指标应符合本标准表 3.1.8 的规定,管护面积定额不应低于指标下限。管护工资以各地现行工资标准为准,不低于当地最低工资标准。

表 3.1.8　人工造林未成林管护主要技术经济指标表

项目内容		单位	管护面积	管护年限
管护定额	山地、丘陵	hm^2/(人・年)	100~150	
	平原、沙区	hm^2/(人・年)	100~200	
管护年限	南方	年		3
	北方	年		5

二、飞播造林技术经济指标表

飞播造林技术经济指标应符合本标准表 3.2.1 的规定。"工资/[元/(人・年)]" 以各地现行工资标准为准,不低于当地最低工资标准。

表 3.2.1 飞播造林技术经济指标表

项目内容			补植补播率/%	用工量/(工日/hm^2)	种子包衣/(元/kg)	飞行费/(元/h)	飞行作业费/(元/hm^2)	面积/[hm^2/(人·年)]	工资/[元/(人·年)]
地被处理	植被处理	南方		10					
		北方		8					
	简易整地	南方		8					
		北方		6					
种子处理					20				
飞行作业	蜜蜂5号					700~900	50~70		
	运五、运-12					9 000~13 000	110~160		
播后管护	管护							200~500	14 400
	补植补播(南方)		15~25	2					
	补植补播(北方)		20~30	5					
施工现场管理				0.5					

三、封山(沙)育林技术经济指标表

封山(沙)育林技术经济指标应符合本标准表3.3.1的规定。"平均工资 元/(人·年)"以各地现行工资标准为准,不低于当地最低工资标准。

表 3.3.1 封山(沙)育林技术经济指标表

项目内容			单位	南方		北方		备注
封禁类型				全封	半封	全封	半封	
封禁	机械围栏	材料量	m/ hm^2	33		33		平均按150 hm^2计
		用工量	工日/100 m	3~4	2~3	3~4	2~3	
	宣传碑牌		个/100 hm^2	4~8	4~8	4~8	4~8	
育林	补植	补植率	%	15~30	10~25	15~30	10~25	
		用工量	工日/ hm^2	5~8	4~7	5~8	4~7	
	补播	补播率	%	15~30	10~25	20~35	15~30	
		用工量	工日/ hm^2	2~3	1~2	3~6	3~5	
	平茬复壮		工日/hm^2	4~5	4~5	3~4	3~4	
	人促整地		工日/hm^2	4~5	3~4	3~4	2~3	
管护	管护面积及用工		管护年限	2~8	2~8	3~10	3~10	
			hm^2/人	150~200	150~200	150~500	100~150	
			平均工资 元/(人·年)	14 400	14 400	14 400~30 000	14 400	
施工现场管理用工			工日/ hm^2	1.5	1.5	1.5	1.5	

四、种子、苗木价格指标表

防护林人工造林工程种子、苗木价格可采用本标准表3.4.1、表3.4.2的价格指标。

种子、苗木价格随市场浮动，也可采用当地价格管理部门根据市场浮动制定提供的政府指导价。

表 3.4.1　主要造林种子价格指标表

序号	种子	单位	单价
1	红松	元/kg	104
2	落叶松	元/kg	120
3	云杉	元/kg	150
4	赤松、樟子松	元/kg	180
5	侧柏	元/kg	90
6	油松	元/kg	120
7	马尾松	元/kg	60
8	云南松	元/kg	100
9	黄栌	元/kg	180
10	刺槐、榆树	元/kg	80~150
11	山杏、沙枣	元/kg	60
12	胡枝子	元/kg	90
13	梭梭、柽柳	元/kg	80~100
14	沙棘	元/kg	90
15	花棒、杨柴等	元/kg	80
16	柠条	元/kg	80~100
17	小叶锦鸡儿	元/kg	20~30
18	柄扁桃	元/kg	100
19	刺玫	元/kg	100

表 3.4.2　主要造林树种苗木价格指标表　　单位：元/株

序号	树种	苗龄	Ⅰ级苗	Ⅱ级苗	容器苗	序号	树种	苗龄	Ⅰ级苗	Ⅱ级苗	容器苗
1	杨树	$1_{(2)}-0$	2.0~3.5	1.0~1.5		9	樟子松	1-1	0.3	0.25	
	胡杨	$1_{(2)}-1$	3.0~4.0	2.0~3.0				1-2	0.5~0.6	0.4~0.5	
2	柳树	$1_{(2)}-0$	2.5~3	2		10	油松	1-1	0.4	0.3	
								2-1	0.45~0.5	0.35~0.4	
3	榆树	1-0	0.2~0.5	0.15~0.2		11	云杉	2-2	1	0.9	
		2-0	2	1.5							
4	刺槐	1-0	0.38~0.5	0.3~0.38		12	杉木	1-0	0.60	0.40	
5	臭椿	1-1	2.5			13	侧柏	1-0	0.50	0.30	
6	白蜡	1-1	3			14	圆柏	1-2	1.5~1.7	1.2~1.4	
7	桦树	1-1	1.0~1.5	1.0		15	马尾松	1-0	0.40	0.20	
8	落叶松	1-1	0.35~0.55	0.30~0.40		16	建柏	1-0	0.15	0.12	

续表 3.4.2

序号	树种	苗龄	Ⅰ级苗	Ⅱ级苗	容器苗	序号	树种	苗龄	Ⅰ级苗	Ⅱ级苗	容器苗
17	柳杉	1-0	0.50	0.30		48	沙柳	1-0	0.2	0.15	
18	黄山松	1-0	0.15~0.2	0.12		49	锦鸡儿	1-0 2-0	0.2~0.25	0.18~0.23	0.25~0.28
19	湿地松	1-0	0.25~0.4	0.15		50	紫穗槐	1-0	0.2	0.15	
20	火炬松	1-0	0.18	0.15		51	山桃、山杏	1-0	0.3		
21	泡桐	1-0	3.5~4.5	2.5~2.8		52	核桃	1-0	10.0	8.0	
22	五角枫	2-0	1.20			53	红枣	1-0	4.5	3	
23	火炬树	1-0	1			54	巴旦木	1-0	3	2.5	
24	连翘	1-0	1.0			55	杜梨	1-0	0.8		
25	樟树	1-0			1	56	枸杞	1-0 2-0	0.80	0.60	
26	火力楠	1-0			0.9	57	梭梭	1-0	0.1~0.3	0.08~0.2	0.2~0.5
27	锥栗	1-0			0.9	58	花棒	1-0	0.1~0.15	0.1~0.12	0.25~0.3
28	山乌桕	1-0			0.9	59	沙拐枣	1-0	0.5~0.8	0.1~0.3	0.3
29	枫香	1-0	0.8		0.8	60	柽柳	1-0	0.8	0.5	
30	桉树	1-0			0.3	61	苦刺	0.3-0			0.3
31	大叶栎	1-0	0.35	0.3		62	板栗	1-0	2.5	1.2	
32	红锥	1-0	0.35	0.3		63	花椒	1-0	0.3		
33	云南松	0.3-0 1.6-0			0.4 1.5	64	柿子	2-0	5		
34	旱冬瓜	0.3-0.3			0.6	65	任豆	1-0	0.25	0.2	
35	川滇桤木	0.3-0.3			0.6	66	八角	1-0	0.6	0.5	
36	滇青冈	1.2-1.0			1.8	67	厚朴	2-0	1.2	1.1	
37	麻栎	1.2-1.0			1.8	68	毛竹	2	2.0	1.5	
38	清香木	1-0			1.0	69	吊丝竹	1-1.5	1.8	1.5	
39	香椿	1-0	0.65	0.55		70	杂交竹	1	2	1.8	
40	西南桦	1-1	0.5	0.4	0.35	71	桐花	1-0	1		
41	冬樱花	0.3-0.3			0.7	72	无瓣海桑	1-0	2.5		
42	滇朴	0.3-0.3			0.7	73	木麻黄	1-0	1.5	1.2	1.5
43	球花石楠	0.3-1.3			1.5	74	秋茄	1-0	1	0.8	
44	檫木	1-0			1.0	75	木榄	1-0	1.5	1.2	
45	沙枣	1-0 2-0	0.25 0.4	0.2 0.35	 0.6	76	海桑	1-0	2		
46	沙棘	1-0	0.1~0.15	0.08~0.1	0.1~0.25	77	红海榄	1-0	2		
47	柠条	1-0	0.1~0.2	0.05~0.15	0.2~0.35	78	油茶	2-0			3.5~4.0

五、人工费经济指标表

人工费可采用本标准表 3.5.1 的经济指标。人工费可随市场浮动，也可采用国家价格管理部门提供的劳动力价格。

表 3.5.1　各造林分区人工费经济指标表

编号	分区	工价/(元/工日)		
		100	120	150
Ⅰ	寒温带区	√	√	
Ⅱ	中温带区		√	√
Ⅲ	暖温带区		√	√
Ⅳ	亚热带区		√	√
Ⅴ	热带区		√	
Ⅵ	半干旱区		√	
Ⅶ	干旱区	√	√	
Ⅷ	极干旱区		√	√
Ⅸ	高寒区	√	√	

六、特殊地区造林辅助措施技术经济指标表

在沙区、干热河谷地区、石漠化地区等特殊地区可按需要设置沙障、围栏，实施浇水、覆盖地膜，使用保水剂、生长调节剂，土地瘠薄的山区可按需要客土、机械整地、施肥，高原地区可按需要使用树干涂白、泡苗池，沿海地区可按需要对盐碱土进行脱碱降盐改土。

下列表中各类材料价格可随市场浮动，也可采用当地价格管理部门根据市场浮动制定提供的政府指导价。

1. 沙障技术经济指标表

防护林人工造林设置沙障，技术经济指标应符合本标准表 3.6.1 的规定。

表 3.6.1　沙障技术经济指标表

项目	沙障规格/m	用量定额/(t 或 m^3/100 m)	单位长度/(km/hm^2)	单位用料/(t 或 m^3/hm^2)	台班定额/(台班/hm^2)	工日定额/(m/工日)	用工定额/(工日/hm^2)
麦秸、稻草沙障	1×1	0.1	20	20	2	125	160
	1×2	0.1	15	14.7	1.5	123	120
	2×2	0.1	10	10	1	125	80
	2×3	0.1	8.25	8.3	0.8	125	66
芦苇沙障	1×1	0.08	20	16	1.6	125	160
	1×2	0.08	15	12	1.2	125	120
	2×2	0.08	10	8	0.8	125	80
沙袋沙障	0.5×0.5	0.001 8	40	0.72		600	67
	1×1	0.001 8	20	0.36		600	33
	2×2	0.001 8	10	0.18		600	17
棉花秆沙障	1×1	0.18	20	36	3.6	125	160

续表 3.6.1

项目	沙障规格/m	用量定额/（t 或 m^3/100 m）	单位长度/（km/hm^2）	单位用料/（t 或 m^3/hm^2）	台班定额/（台班/hm^2）	工日定额/（m/工日）	用工定额/（工日/hm^2）
灌木树枝沙障	2×3	0.28	8.25	23.1	2.3	125	66
	4×3	0.25	5.83	14.6	1.5	125	47
黏土沙障	2×2（土埂 20 cm×20 cm）	1.2	10	120	12	67	150
砾石沙障	2×2（平铺：厚度 5 cm、宽 30 cm）	1.5	10	150	15	67	150

2. 围栏技术经济指标表

防护林人工造林设置围栏，技术经济指标应符合本标准表 3.6.2.1、表 3.6.2.2、表 3.6.2.3的规定。

表 3.6.2.1　围栏（水泥柱）技术经济指标表

项目		单位	长×宽×高	长×宽×高	长×宽×高	长×宽×高	长×宽×高	备注
规格		cm	10×10×180	10×10×200	12×12×180	12×12×200	12×12×220	
用量定额	1	根/100 m	20	20	20	20	20	
	2		25	25	25	25	25	
	3		30	30	30	30	30	
单位用量定额	1	根/hm^2	8	8	8	8	8	按 100 hm^2计
	2		10	10	10	10	10	
	3		12	12	12	12	12	
安装用工量		根/工日	12	12	12	12	12	
	1	工日/100 m	1.7	1.7	1.7	1.7	1.7	
	2		2.1	2.1	2.1	2.1	2.1	
	3		2.5	2.5	2.5	2.5	2.5	

表 3.6.2.2　围栏（铁丝网）技术经济指标表

项目	单位	3 道	4 道	5 道	7 道	8 道	9 道	备注
单位用量定额	m/hm^2	40	40	40	40	40	40	按 100 hm^2计，按 6 号铁丝计
安装用工量	m/工日	240	215	190	140	115	90	
	工日/100 m	0.42	0.47	0.53	0.71	0.87	1.11	

表 3.6.2.3 围栏(荷兰网)技术经济指标表

项目	单位	荷兰网指标	备注
单位用量定额	m/hm^2	166	按 6.67 hm^2(100 亩)计
安装用工量	m/工日	100	
	工日/100 m	1.0	

3. 机械整地技术经济指标表

防护林人工造林机械整地技术经济指标应符合本标准表 3.6.3 的规定。

表 3.6.3 机械整地技术经济指标表

机械类型	单位	机械整地指标				
		750 株/hm^2	840 株/hm^2	1 110 株/hm^2	1 665 株/hm^2	2 550 株/hm^2
挖掘机、拔根机、钩机等	台班/hm^2	1.5~3.5	1.5~3.5	1.7~3.7	1.8~3.8	2.0~4.0
拖拉机、旋耕机、钻眼机等	台班/hm^2	0.4~2.4	0.5~2.5	0.7~2.7	0.8~2.8	1~3.5
推土机、铲车、耕整机等	台班/hm^2			0.5~2.5	0.7~2.7	1~3.5

4. 浇水技术经济指标表

防护林人工造林浇水技术经济指标应符合本标准表 3.6.4 的规定。

表 3.6.4 浇水技术经济指标表

项目		单位	浇水指标						备注
			2 500 株/hm^2		1 665 株/hm^2		1 110 株/hm^2		
			阔叶树	针叶树	阔叶树	针叶树	阔叶树	针叶树	
滴灌	DN90 管	m/hm^2	100	100	100	100	100	100	滴管材料使用年限 5 年,每年灌溉按 10 次计。单位费用=单位材料用量×单价÷材料使用年限÷每年灌溉次数
	PE 管 Φ20	m/hm^2	5 000	5 000	3 300	3 300	3 300	3 300	
	滴头 40 L/h	个/hm^2	2 500	2 500	1 665	1 665	1 110	1 110	
	用水量	t/(hm^2·次)	20	10	13.3	6.6	8.9	4.4	
	单位用工定额	工日/hm^2	0.2	0.2	0.2	0.2	0.2	0.2	
沟灌	农渠(40 cm×30 cm)	m/hm^2	100	100	100	100	100	100	农渠使用年限 3 年,毛渠使用年限 2 年,每年灌溉按 4 次计。单位费用=挖渠用工定额×工价÷使用年限÷每年灌溉次数
	单位用工定额	工日/hm^2	2	2	2	2	2	2	
	毛渠(20 cm×20 cm)	m/hm^2	5 000	5 000	3 330	3 330	3 330	3 330	
	单位用工定额	工日/hm^2	33	33	22	22	22	22	
	用水量	t/(hm^2·次)	420	370	340	310	290	270	
	单位用工定额	工日/hm^2	1	1	1	1	1	1	

续表 3.6.4

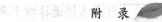

项目		单位	浇水指标						备注
			2 500 株/hm²		1 665 株/hm²		1 110 株/hm²		
			阔叶树	针叶树	阔叶树	针叶树	阔叶树	针叶树	
浇灌	运水设备	元/台班	400	400	400	400	400	400	小型拖拉机，一次运水 2~3 t
	台班定额	台班/hm²	8.0	4.0	5.3	2.7	3.6	1.8	
	单位台班费	元/hm²	3 200	1 600	2 131	1 066	1 421	710	
	用水量	t/(hm²·次)	100	50	66.6	33.3	44.4	22.2	
	单位用工定额	工日/hm²	7.3	5.8	5.9	4.7	4.6	3.7	

5. 地膜技术经济指标表

防护林人工造林覆盖地膜技术经济指标应符合本标准表 3.6.5 的规定。

表 3.6.5 地膜技术经济指标表

项目	单位	地膜指标						
		50 cm×50 cm		60 cm×80 cm		100 cm×100 cm		
造林密度	株/hm²	1 110	1 665	1 110	1 665	2 500	1 665	2 500
单位用量定额	m/hm²	555	833	888	1 330	2 000	1 665	2 500
单位用工量	工日/hm²	6	8	7	10	15	13	20

6. 施肥技术经济指标表

防护林人工造林可施用基肥，施肥技术经济指标应符合本标准表 3.6.6 的规定。

表 3.6.6 施肥技术经济指标表

项目		单位	施肥指标					
			2 500 株/hm²		1 665 株/hm²		1 110 株/hm²	
			阔叶树	针叶树	阔叶树	针叶树	阔叶树	针叶树
农家肥	施肥量	kg/株	10	5	10	5	10	5
	单位用量定额	kg/hm²	25 000	12 500	16 650	8 325	11 100	5 550
	工日定额	株/工日	200	220	200	220	200	220
	单位用工量	工日/hm²	12.5	11.4	8.3	7.6	5.6	5.0
复合肥	施肥量	kg/株	0.3	0.15	0.3	0.15	0.3	0.15
	单位用量定额	kg/hm²	750	375	499.5	250	333	166.5
	工日定额	株/工日	320	350	320	350	320	350
	单位用工量	工日/hm²	7.8	7.1	5.2	4.8	3.5	3.2

7. 保水剂技术经济指标表

防护林人工造林使用保水剂技术经济指标应符合本标准表 3. 6. 7 的规定。

表 3. 6. 7 保水剂技术经济指标表

项目	单位	保水剂指标		
		1 110 株/hm^2	1 665 株/hm^2	2 500 株/hm^2
单位用量定额	g/株	13	13	13
	kg/hm^2	14. 4	21. 6	32. 5
单位用工量	工日/hm^2	2	3	4. 5

8. 生长调节剂技术经济指标表

防护林人工造林使用生长调节剂技术经济指标应符合本标准表 3. 6. 8 的规定。

表 3. 6. 8 生长调节剂技术经济指标表

项目	单位	生根粉指标					
		ABT 1 号、2 号			ABT 3 号		
造林密度	株/hm^2	1 110	1 665	2 500	1 110	1 665	2 500
单位用量定额	kg/hm^2	0. 28	0. 42	0. 63	2. 22	3. 33	5
单位用工量	工日/hm^2	0. 8	1	1. 5	0. 8	1	1. 5

9. 树干涂白技术经济指标表

防护林人工造林使用树干涂白技术经济指标应符合本标准表 3. 6. 9 的规定。

表 3. 6. 9 树干涂白技术经济指标表

项目	单位	树干涂白指标		
		1 110 株/hm^2	1 665 株/hm^2	2 500 株/hm^2
单位定额	株/kg	10	10	10
单位用量定额	kg/hm^2	111. 0	166. 5	250. 0
单位用工量	工日/hm^2	2	3	4. 5

10. 泡苗池(假植)技术经济指标表

防护林人工造林使用泡苗池(假植)技术经济指标应符合本标准表 3. 6. 10 的规定。

表 3.6.10 泡苗池(假植)技术经济指标表

项目		单位	规格	指标	备注
泡苗池	泡苗池规格	m	20×20×0.2		干旱区、极干旱区适用
	土埂规格	cm	40×20		
	起土埂、平整土地用工	工日/座		1.5	
	防渗土工布规格	m	22×22		
	防渗土工布用量	m^2/座		484	
	用水量	m^3/座		50	
假植	假植量	株		4 000	
	单位用工	工日		1	

11. 客土技术经济指标表

防护林人工造林客土技术经济指标应符合本标准表 3.6.11 的规定。

表 3.6.11 客土技术经济指标表

项目	单位	河滩卵石地			备注
造林密度	株/hm^2	1 000 (2.5 m×4 m)	1 250 (2 m×4 m)	1 665 (1.5 m×4 m)	机械开沟:沟宽 1 m,深 1 m,沟间距 4 m
开沟整地(沟长)	m/hm^2	2 500	2 500	2 500	
台班定额	m/台班	1 170	1 170	1 170	
	台班/hm^2	2.1	2.1	2.1	
客土定额	m^3/穴	0.5	0.5	0.5	
	m^3/hm^2	500	625	833	
单位用工量	工日/hm^2	12.5	15.0	20.0	包括放线及材料等
项目	单位	石质山地			备注
造林密度	株/hm^2	1 110	1 665	2 500	
穴状整地	穴/工日	30	30	30	电镐钻坑
	工日/hm^2	37.0	55.5	83.3	
客土定额	m^3/穴	0.02	0.02	0.02	
	m^3/hm^2	22.2	33.3	50.0	
单位用工量	工日/hm^2	18.8	28.1	42.2	

12. 脱碱降盐改土技术经济指标表

防护林人工造林脱碱降盐改土技术经济指标应符合本标准表 3.6.12.1、表 3.6.12.2、表 3.6.12.3的规定。

表 3.6.12.1 脱碱降盐改土技术经济指标表(隔碱层模式)

项目	单位	规格	指标	备注
台田	土方/hm^2	筑高 1.5 m	15 000	按机械筑土计算
暗管排碱	m/hm^2	DN110 PVP 双壁打孔螺纹管	387	
排碱管外缠双层滤水布	m^2/hm^2	滤水土工布	315	
隔碱层	m^2/hm^2	铺设直径 2~4 cm 石子,厚 15 cm	10 000	
隔碱层铺设双层土工布	m^2/hm^2	防水土工布	20 000	
灌溉管线	m/hm^2	DN110 PVP 1.0 MPa 给水管	450	包括阀门、铺设等综合价

表 3.6.12.2 脱碱降盐改土技术指标表(避盐沟模式)

项目	单位	规格	指标	备注
台田	土方/hm^2	筑高 2m	20 000	按淤筑土计算
开挖避盐沟	m/hm^2	宽 0.8 m,深 0.3 m	3 750	
灌溉管线	m/hm^2	DN110 PVP,不低于 0.6 MPa 给水管	450	包括阀门、铺设等综合价

表 3.6.12.3 脱碱降盐改土技术指标表(盲沟改碱模式)

项目	单位	规格	指标	备注
台田	土方/hm^2	筑高 1.5 m	15 000	按机械筑土计算
盲沟	土方/hm^2	宽 0.5 m,深 0.3 m,内填充石子或石屑	3 096	按每条盲沟长 25.8 m,每亩需布设 8 条计
灌溉管线	土方/hm^2	DN110 PVP,不低于 0.6 MPa 给水管	450	包括阀门、铺设等综合价

第四章 技术经济指标调整

第十一条 实际造林模式中的技术经济指标与本标准第十条规定的技术经济指标一致时,应按附表 A(人工造林模式造林技术经济指标表,略)、附表 B(飞播造林模式造林技术经济指标表,略)、附表 C(封山(沙)育林模式造林技术经济指标表,略)中造林模式规定的技术经济指标估算造林投资。

第十二条 实际造林模式中的技术经济指标与本标准第十条规定的技术指标经济不一致时，且实际技术经济指标超出本标准第十条规定的技术经济指标±10%以上，可按本标准第十六条、第十七条的规定对附表 A 中的技术经济指标进行调整，并按调整后的技术经济指标估算造林投资。

第十三条 苗木、种子实际价格与本标准表 3.4.1、表 3.4.2 的规定不一致时，可对苗木、种子按市场价格调整。造林树种苗木、种子未列入本标准表 3.4.1、表 3.4.2 的，可对其苗木、种子按同类树种苗木、种子价格调整，也可按苗木、种子的实际市场价格调整。

第十四条 人工费用与本标准表 3.5.1 的规定不一致时，可对人工费用按市场价格调整或采用国家价格管理部门提供的劳动力价格调整。

第十五条 特殊地区造林需增加沙障、围栏、机械整地、浇水、地膜、施肥、保水剂、生长调节剂、树干涂白、泡苗池、假植、客土、脱碱降盐改土等辅助措施时，可按本标准第十八条的规定进行增项调整。

第十六条 初植密度技术指标调整

当实际造林初植密度与本标准表 3.1.2 规定的指标及附表 A 中造林模式的指标差异在±10%以上，可按实际造林初植密度设计造林模式。

第十七条 用工定额技术经济指标调整

一、林地清理用工定额技术经济指标调整

人工造林林地清理以一般山区带状清理（带宽为 1.5 m）、团块状清理的初植密度为 2 500 株/hm^{2}为基准，用工定额系数为 1.0，用工量为 10~15 工日/hm^2，其他地貌类型、清理方式按本标准表 4.1.1 规定调整。

表 4.1.1 林地清理用工定额技术经济指标调整表

地貌类型	清理方式		
	带状 带宽 1.5 m	团块状 1.0 m×1.0 m	全面清理
石质山区（砾石含量≥60%）	1.60	1.15	2.71
一般山区	1.40	1.00	2.60
高寒山区	2.00	1.20	2.96
沙区	0.80	0.60	1.50
平原区	0.80	0.60	1.50

二、整地用工定额技术经济指标调整

人工造林整地用工量以一般山区、壤土、穴（块）状整地初植密度 2 500 株/hm^2、整地规格 40 cm ×40 cm ×30 cm 为基准，用工定额系数为 1.0，用工量为 35~65 工日/hm^2，其他地貌类型、土壤类型、整地方式按本标准表 4.1.2 规定调整。

表 4.1.2 造林整地用工定额技术经济指标调整表

地貌类型		穴(块)状整地/cm							带状整地/m		
		30×30×30	40×40×30	50×50×40	60×60×50	80×60×40	80×80×60	(80~150)×(60~80)×(30~40)	窄带(1)	中带(1.5)	宽带(2)
石质山区	壤土 砂壤土		1.10	1.80	2.40			2.20~5.50	1.20	1.50	2.20
	黏土		1.20	2.00	2.70			2.40~6.00	1.30	1.60	2.40
	石质土	1.00	1.80	2.70	3.50			2.80~6.60	1.40	1.80	2.80
一般山区	壤土 砂壤土	0.80	1.00	1.60	2.20	2.35	4.40	1.60~4.00	1.10	1.30	1.80
	黏土	0.80	1.05	1.80	2.40	2.56	4.60	1.80~4.40	1.20	1.40	1.90
	石质土	0.96	1.10	2.00	2.60	2.77	5.20	2.00~4.80	1.20	1.50	2.00
高寒山区	壤土 砂壤土 砾石土	1.00	1.20	2.00	2.62	2.80	4.72	2.30~5.50	1.30	1.60	2.30
	黏土	1.10	1.30	2.20	2.92	3.12	4.96	2.50~6.10	1.40	1.70	2.50
沙区	砂土	0.80	0.90	1.60	2.00	2.10	4.00		1.10	1.20	1.40
	风沙土 盐碱土	0.80	0.90	1.60	2.00	2.1	4.00		1.10	1.20	1.40
平原区	砂土 盐碱土	0.80							1.10	1.20	1.40
	壤土 砂壤土	0.80	0.90	1.60	2.00	2.14	4.00		1.10	1.20	1.40
	黏土	0.85	0.95	1.80	2.10	2.16	4.00				

三、苗木栽植用工定额技术经济指标调整

苗木栽植以一般山区，初植密度 2 500 株(穴)/hm^2为基准，植苗造林用工定额系数为 1.0，用工量为 25~50 工日/hm^2，其他地貌类型、栽植方式按本标准表 4.1.3 规定调整。

表 4.1.3 苗木栽植用工定额技术经济指标调整表

地貌类型	栽植方式								
	植苗造林		播种造林		分殖造林				
	容器苗	裸根苗	穴播	条播	插条	插干	移栽母竹	移鞭	分蔸造林
石质山区	1.25	1.00	1.00		1.20		2.00	2.00	2.00
一般山区	1.00	1.00	1.00		1.20		2.00	2.40	2.00
高寒山区		1.10	1.10		1.50		2.40	2.50	2.50
沙区	0.67	1.00		0.30					
平原区	0.65	1.00				0.45			

四、抚育用工定额技术经济指标调整

抚育用工量以一般山区，砂壤土、壤土，未成林造林地的抚育为基准，用工定额系数为1.0，用工量为每次25~30工日/hm^2，其他地貌类型、土壤类型按本标准表4.1.4规定调整。

表4.1.4 抚育用工定额技术经济指标调整表

地貌类型	砂土	壤土	黏土	石质土	盐渍土
石质山区	0.80	1.10	1.20	1.60	
一般山区	0.86	1.00	1.20	1.50	
高寒山区	1.10	1.40	1.60		
沙区	0.70	0.90	1.10	1.20	
平原区	0.90	1.00	1.40		0.70

五、管护面积定额技术经济指标调整

管护面积以一般山区、林地相对集中连片、交通条件较好的地段为基准，管护面积为每人每年150 hm^2，定额系数为1.0，其他地貌类型、不同立地条件的管护面积按本标准表4.1.5规定调整。

表4.1.5 管护面积定额技术经济指标调整表

地貌类型	林地集中连片、交通条件较好	林地相对集中、交通条件一般	林地较分散、交通条件较好	林地较分散、交通条件较差	林地分散、地形破碎、交通不便
石质山区	0.75	0.60	0.60	0.40	0.35
一般山区	1.00	0.75	0.75	0.60	0.50
高寒山区	0.70	0.50	0.50	0.40	
沙区	1.00	0.75	0.75	0.60	0.50
平原区	1.00	0.90	0.90	0.75	0.50

第十八条 辅助措施增项调整

沙障、围栏、机械整地、浇水、地膜、施肥、保水剂、生长调节剂、树干涂白、泡苗池、假植、客土、脱碱降盐改土等造林辅助措施，以提高造林成活率和保存率等为基础，按GB/T 15776《造林技术规程》要求，可将其中1项或多项造林辅助措施纳入防护林工程建设。

第五章 工程建设其他费用和不可预见费

第十九条 工程建设其他费用包括建设单位管理费、调查设计费、工程监理费、招投标费、成苗及成效调查费。工程建设其他费用可按国家相关标准的规定或本标准表5.1.1费率指标计取。

表 5.1.1　工程建设其他费用费率

造林方式	建设单位管理费	调查设计费	工程监理费	招投标费	成苗及成效调查费
人工造林	1.2%~2.2%	2.5%~4.0%	2.0%~3.0%	0.4%~0.5%	
飞播造林	1.5%~2.2%	1.5%~2.5%	1.0%~2.0%	0.5%~0.6%	0.5%~1.3%
封山(沙)育林	1.2%~1.5%	1.5%~2.5%	1.0%~2.0%	0.4%~0.5%	

一、建设单位管理费指建设单位从项目开工之日起至办理竣工财务决算之日止发生的管理性质的开支。包括:办公费、差旅交通费、劳动保护费、工具用具使用费、施工现场津贴、竣工验收费和其他管理性质开支等。

二、调查设计费包括防护林建设前期工作有关咨询服务、外业调查和作业设计所发生的费用。

三、工程监理费指建设单位委托监理单位对工程实施监理工作所需的各项费用。

四、招投标费指工程在开工前进行工程招投标所发生的咨询费和工作过程所需的费用。

五、成苗及成效调查费:成苗调查费指飞播造林 1 年后,对播区进行出苗调查发生的费用;成效调查费指飞播 3~5 年后,对播区进行成效调查发生的费用。

第二十条　不可预见费是指防护林建设期可能发生风险因素而导致的建设费用增加。不可预见费费率按防护林工程建设造林投资费用和工程建设其他费用之和的 5% 计取。

第六章　附　则

第二十一条　本标准以控量为主,控价为辅,实行静态控制,各类施工材料与苗木、种子价格等以 2014 年底物价水平基准的市场价格为准。本标准造林投资指标随社会经济发展,市场价格变化,适时进行调整。

第二十二条　本标准各类施工材料、苗木、种子价格等随市场浮动,也可采用当地价格管理部门根据市场浮动制定提供的政府指导价。

第二十三条　本标准人工费用随市场浮动,也可采用人力资源和社会保障部发布的全国各地最低工资标准。

第二十四条　本标准由国家林业局负责解释。

参考文献

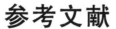

[1]《中国飞播造林四十年》编委会. 中国飞播造林四十年[M]. 北京:中国林业出版社,1998.
[2]《河南飞播营造林新技术》编委会. 河南飞播营造林新技术[M]. 郑州:黄河水利出版社,2010.
[3] 孟宪伦. 中国飞机播种造林[M]. 贵阳:贵州人民出版社,1987.
[4] 张景春,张重忱. 飞机播种造林新技术[M]. 北京:中国林业出版社,1995.